做个情绪稳定的女人

肖卫 —— 著

苏州新闻出版集团

古吴轩出版社

图书在版编目（CIP）数据

做个情绪稳定的女人 / 肖卫著. -- 苏州：古吴轩
出版社,2024.1
　　ISBN 978-7-5546-2246-9

Ⅰ．①做… Ⅱ．①肖… Ⅲ．①女性－情绪－自我控制
－通俗读物 Ⅳ．①B842.6-49

中国国家版本馆CIP数据核字（2023）第238560号

责任编辑：顾　熙
策　　划：花　火
装帧设计：尧丽设计

书　　名：做个情绪稳定的女人
著　　者：肖　卫
出版发行：苏州新闻出版集团
　　　　　古吴轩出版社
　　　　　地址：苏州市八达街118号苏州新闻大厦30F
　　　　　电话：0512-65233679　　　邮编：215123
出 版 人：王乐飞
印　　刷：唐山市铭诚印刷有限公司
开　　本：670mm×950mm　　1/16
印　　张：11
字　　数：119千字
版　　次：2024年1月第1版
印　　次：2024年1月第1次印刷
书　　号：ISBN 978-7-5546-2246-9
定　　价：49.80元

如有印装质量问题，请与印刷厂联系。022-69236860

女人，如果可以，请先做一个内心强大的人吧！成熟的人，不是非得出口成章，说出许多深刻的道理，或者是思想境界高于常人，只要待人接物让人舒服，并且不卑不亢，既有自我的棱角，又有接纳他人的圆润即可。成熟的人不需要辩解，仅仅一个微笑就足够了。

　　其次，不要抱怨。不要抱怨另一半的缺点，不要抱怨工作差，不要抱怨没人赏识。现实中有太多的不如意，就算生活给你的是垃圾，你也要能把垃圾踩在脚底下，登上世界之巅。女人的幸福是掌握在自己手里的，是靠自己的努力奋斗得来的。

　　再次，女人应该懂爱情，做自己情绪的主人，自己掌握自己的喜怒哀乐，而不是交给男人去掌握。新时代的女性，应该有随时离场的勇气和底气。

　　最后，女人要懂得一个道理：选择很重要，放弃同样重要。每个女人都会有许多割舍不下的东西，但是我们要明白，有所得必有所失。不过，最重要的是，我们一定要在每一次选择中学会成长。

目录
contents

第一章

活出心花怒放的人生

第一章

活出心花怒放的人生

一个人成就多大、获得多少，与其幸福不成正比关系，但是和他的认识、判断密切相关。

01

时刻保持自信

　　女人有一种魅力，靠做作和装扮是得不到的，那就是女人的自信。自信是女人身上最耀眼的光彩。美国心理学家弗罗姆在《爱的艺术》中说："她不一定漂亮，但一定有在众人中被你一眼认出的气质。她自给自足，放纵自己尽情地享受生命的乐趣，又清醒地保持灵魂的明净。她会为一瓣花而心醉，像一棵树感受清风，树叶摇曳着一声叹息，在简单中蕴藏着最深的宇宙。她看到了生命背后的黑暗，深知阳光与夜的交替，死亡如影随形，但永不绝望。她本能地拒绝贪婪，她的心像埋藏了千年的莲子，历尽沧海桑田，洞彻世事烟云，依然会鲜活地从沙土里开出花来。笑声和细语如冬日暖阳，化解心中坚硬的壁垒。"

在这个处处充满竞争的社会，女人充满自信，学会自我拯救和自我完善才是最重要的。但凡成功、优雅的女人，她们的心底都有一个秘密，那就是自信的力量。你相信自己可以变得美丽，你的身体、表情和仪态就真的会因之改变。你相信自己可以变得富有，你的行为就真的会把你引领到财富之路。这一切皆源于你的信念、意志，因为它们会促使身边的事情向你所希望的方向发展。

一个小镇上有一个女孩，她因为贫困而自卑。在她十八岁那年的圣诞节，妈妈给了她二十美元，她鼓起勇气走进了一家饰品店。她选了一个淡绿色的发饰搭配自己亚麻色的头发，看向镜子时，她简直不敢相信那个美丽的姑娘就是自己。她毫不犹豫地花了十六美元买下了发饰。

她出商店的时候，不小心撞到了一位老绅士，但是她太兴奋了，以至于根本没有注意到老绅士跟她说了什么。当她走在小镇的大街上时，所有的人都向她投以惊讶、艳美的目光。让她更为开心的是，那个她一直暗恋的男孩竟然邀请她做他圣诞晚会的舞伴。她太激动了，于是决定用剩下的四美元再去那个饰品店买点儿东西。当她再次回到那家饰品店时，那个先前被她撞到的老绅士微笑着对她说："孩子，我就知道你会再回来。刚才你撞到我的时候，你的发饰也掉了下来，我一直在等你来取。"

一个发饰真的能带来美貌吗？其实，带来的是自信心。世界上没有十全十美的女人，更没有生下来就完美无缺的女人。自信，是可以改变个人命运的神奇的力量。任何一个女人都可以因为自信而让自己的生命焕然一新。一位心理学家说过："人人生来自卑。"在他看来，人生就是一个不断超越自卑、不断完善自己的过程。超越自卑，树立自信，是一件艰难而长久的事情，但有时也是一瞬间的事情。

女人拥有了自信，便获得了感染、影响他人的人格力量。在感情问题上，自信的女人也非同一般。自信的女人敢于放手去爱，但是绝不把自己完全托付给男人。

有位心理学专家曾说："现代男士认为，女性过分向自己示弱，只能让男性产生压力。而适度显示女性的能力，才能使男性对未来有安全感。"一个把自己完全托付给男人的女人就等于失去了自我，也就没有自信，再漂亮也掌握不了自己的命运。而美丽又自信的女人，才是一幅令人赏心悦目的旖旎画卷，她们既有迷人的风韵，又有惊人的魄力。对于这样的女人而言，人生不是等待而是创造，命运从来都掌握在她们自己的手中。

02
够得着的幸福才是你的

在生活中，有的女性总是喜欢把目光投向高处。看到好房子，就设想自己以后能在这样的房子里结婚生子；看到豪车，就设想自己有一天开着这种车风驰电掣；看到人家位居高职，就发狠话要比他升得更高；看到别人的伴侣俊朗，就想自己的伴侣一定要风度翩翩；看到人家发美食的照片，就暗自发誓自己将来也要吃遍龙肝凤髓……

很显然，这种女性给这些东西贴上了一个共同的标签——"幸福"。在她们看来，别人的东西才是最好的，别人的幸福才是自己最想要的。于是，她们怀揣着"那是我的！""是我要的！"的想法一路前行。

为什么别人想要的也是你想要的？得不到这些东西就不幸福了

吗？也许你会说："我值得拥有这些好东西啊！"可是，将物质作为衡量自己是否幸福的标准，真的合适吗？

仰望别人的东西，无异于镜中花、水中月，这实在是一种煎熬。倘若你想要的东西，就是那个高高地挂在树梢上的果子，即便踮起脚，搬来梯子，甚至找来长长的竹竿，也仍然够不着时，你是选择放弃还是选择继续？

其实，我们真的有必要停下来好好问问自己：孜孜不倦地追求的"幸福"，是我们自己想要的，还是别人放进我们心里的？在生活中，我们每个人都会遇到一枚高高地挂在树梢上的果子，一眼望去，它是那么诱人。聪明的人会绕树三圈，够得着就摘下来，够不着就想办法，实在没办法就选择离去。而贪婪的人则会在树下徘徊许久，够又够不着，走又不舍得走，看见别人够着了还心有不甘，到头来，被折磨得精疲力竭。

也许，这枚高高挂在树梢上的果子，原本就是你真心想得到的。也许，它并不是你必须得到或最想得到的。但是当你看到别人都有了时，自己便也想拥有，所以想尽办法，哪怕失去了自我，得到它依然是你唯一的目的。眼睛往往会带给我们很多痛苦，甚至让我们把看到的表象和内心真正的追求直接画上等号。

其实，幸福的目的不是被人看见、被人羡慕，幸福只跟你的内心感受有关。在人生这场旅行中，我们会遇到很多人和事，也会遇到很多想要或者不想要的东西，譬如鲜花、美酒和掌声，譬如沮丧、抑郁和绝望。贪心的人总想把所有的东西都据为己有，却不会想到，拥有太多的东西，自己能否拿得动。而心态淡然的人总是选择自己最需要的东西，懂得舍弃。

别人的果子或许是香车、豪宅，我有一间自己的房子就好；别人的果子或许是成为业界精英，我有一份合心的工作就行；别人的果子或许是漫游世界，我能在周边游一圈也很好。

也许你会说："这样不就是不求上进、不思进取吗？"其实不然，与其被欲望左右，花一生去触摸那些够不着的幸福，倒不如给心灵腾出一方空间，让那些够得着的幸福安全抵达。攥在自己手里的，才是稳稳的幸福。抬头能看见蓝天，低头能闻到花香，父母安好，爱人和睦，孩子乖巧，朋友相伴，身体健康，不忧柴米，这些不都是够得着的幸福果子吗？

幸福这座山，原本就没有顶。从现在起，请不要站在旁边羡慕他人的幸福了，其实幸福一直都在你身边。只要你还有生命，还有能创造奇迹的双手，你就没有理由当过客、做旁观者，更没有理由抱怨生活。

03
不要再用哀怨的声音责怪这个世界

在生活中，有的女性一生都是在抱怨中度过的。比如，她们抱怨沙丁鱼罐头一样拥挤的地铁、刻薄的老板、不公平的社会、懒惰的服务生、劣质的食物、出乎意料的罚单、崩溃的电脑程序、莫名其妙失踪的邮件、不求上进的男友、顽皮的小孩、坏消息、坏天气、疼痛、衰老……在这些女性的世界里，哪怕是最鸡毛蒜皮、不值一提的事也会让她们唉声叹气、无病呻吟上半天。很快，她们的牢骚变得如同电钻声一般刺耳，她们的声音里充满绝望的尖叫。

分析一下这些抱怨之人的潜台词，无不是"我怎么做都没有用""我怎么努力都不见成效"。她们早已习惯把失败、心情不好、出现问题等统统归因于外在的、无法掌控的因素。可是，人又总是很容易被自己说出的话催眠。这些她们总是挂在嘴上的抱怨，说不准哪一天就会占据她们的生活。

毫不客气地说，抱怨只是大声宣布你的无能，除此之外毫无用处。凡是有能力的人，无论是遇到了困难，还是陷入不利的境遇中，总是能冷静地考虑对策，靠自己的努力来解决困难，扭转被动局面。而懦弱无能的人，哪怕碰到小小的困难都会束手无策。由于没法依靠自己的力量和智慧去解决困难，于是免不了就会怨天尤人、牢骚满腹。

不知你是否见过这样的情景：农民们干活干累了，坐在田埂上一边休息一边聊天，还顺手把鞋脱下来，倒掉里面的沙子。因为鞋里进了沙子，干起活来会十分费力，所以要倒掉。

我们只有以平和的心态前行，才能健步如飞；倘若心生抱怨，就如同穿着进了沙子的鞋里子行走，这个时候还能健步如飞吗？抱怨等于往自己的鞋里放沙子，它会使你行路更难，使人的旅途更累。法国作家伏尔泰说过："使人疲倦的不是远方的高山，而是鞋里的沙子。"抱怨非但不能使人放松、释怀，反而会使人的心情变得更加灰暗、抑郁、沉重。

其实，当你伤心地诉说你过得有多难，你的生活多糟糕，你的婚姻是个彻彻底底的悲剧，你的孩子、上司、同事和邻居都给你难堪时，你不如做些有意义的事情来改变它。有时候，生活的不如意也不失为绝佳的肥料。抱怨你的健康问题，何不想个办法解决它？你若觉得命运不公、老板刻薄，你可以问问自己在各方面的能力是否都超越了你的竞争对手……

一开始，这或许意味着你需要学会打掉牙齿和血吞，毕竟你不能像往常一样，用抱怨发泄你的不满。但若要全然地领会这一点，仅仅不抱怨也是不够的，你更需要做的是发现生活的真正魅力所在。

为了做到这点，你必须有塞翁失马的态度，能在黑暗的地方看到光明与希望。为此，你要学会为自己的生活负责，为自己的行为负责，为自己的情感负责，也为自己的遭遇和生活负责。

一天、两天、三天……远离抱怨的一周过去了，你会惊异于自己已经习惯了负责任地生活，哪怕最微不足道的呻吟声都会让你受不了。为了不让自己再回到过去，你可以找出你正在抱怨的事情的两个好处，并大声说出它们。如果你又一次没忍住，那就增加到三处、四处，或者更多。

总之，当你朝着乐观向上的生活大步迈进的时候，你会经常体会到幸福。对任何人而言，负责任地生活都意味着自由、轻松、快乐和平静，而拒绝哀怨就能让你的灵魂焕然一新。

04
真正的好命，是有生命力

在生活中，我们会遇到许多或大或小的事，有的是怎么都翻不过去的"山"，有的是不足挂齿的小事。当我们转头去看别人时，往往会抱怨为什么别人的命那么好，而自己却像是被幸运之神无视了。

其实，每个人都有自己的烦恼，也都有自己的幸福。对于大多数人而言，不可能一辈子都事事如意，但是为什么有的人每天愁眉苦脸，而有的人却能够生机勃勃地翻山过河，保持着阳光般的心态继续前行呢？其中的区别就在于生命力。所谓生命力，就是当挫折来临时，你不觉得是挫折；当危机来临时，你也不觉得是危机。

在生活中，有不少女性遇到一点儿小事儿就觉得过不去了，其实就是生命力弱。这些女性往往认为，幸福的女人之所以幸福，是因为上帝给了她们一手好牌。有了这手好牌，她们自然可以高枕无忧，成为人人羡慕的人生赢家。

其实，这个世界上根本就不存在完美的人生，那些我们所羡慕的女人，她们也有自己的烦恼，也在承受着各种不如意。如果连这点你都不愿承认和面对，上天也帮不了你。然而，无论你抽到什么牌都不是最牛的，最牛的是无论是好牌还是烂牌，你都能打好。

仔细观察一下身边那些永远都阳光积极的人，那些永远都不会被命运打倒的人，那些随时都可以东山再起的人，是她们没有受过伤，没有经历过苦难吗？当然不是，而是她们的生命力非常强。遇到山，她们能爬过去；遇到河，她们能渡过去；遇到任何困难，她们都会想办法，而不是坐在地上痛苦地哀号："唉，我的命真苦啊！"当她们不把挫折当挫折，不把危机当危机的时候，她们的生命中还剩下什么呢？当然就是那些阳光的、积极的事情。这时，还有什么理由不热情洋溢地生活下去呢？

想成为真正的人生赢家，最重要的不是手里那把或好或烂的牌，而是拥有一颗永远独立、自我的心，一颗永远要求自己努力、不断完善、永不放弃的强大的心。为此，你能做的就是让浮躁的心平静下来，然后认真对待，把自己的牌打好，力争达到最好的效果，这样的人生才会有意义。

天生好命的人实在太少，而天生命不好的人也同样很少。太多的女人正是因为缺乏生命力，所以才导致自己总陷入"命不好"的泥沼中。有时候，不是我们的命不够好，只是有时候养尊处优又或者太过顺利，令我们逐渐失去了生命中最要紧的生命力。只要拥有强大的生命力，我们就拥有永远不会失去的"好命"，因为任何牌，我们都能打好。

05

如果不能选择回避，就愉快地接受

生活中，女人的不如意总是很多，比如：出身不好，长相太差；学历不高，一无所长；屡遭挫败，心灰意冷；被人忽略，被人嘲笑。于是，不少人开始埋怨时运不济，埋怨生活不公，埋怨自己没有显赫的家庭背景，没有超常的智力，没有靓丽的外表。

其实，面对生活中的不完美、不如意，与其烦恼，不如愉快地接受，拿它来宽慰自己、取悦自己。这个世界上除了你自己，没人可以打败你。只要你不投降，世界都会为你让路。

有一位受观众喜爱的女演员，在七十一岁的时候，因摔伤而引发了静脉炎、腿痉挛，被医生告知必须把右腿切除。

令医生不敢相信的是，女演员得知这件事情后，只看了他一眼，然后很平静地说："如果非这样不可的话，那只好这样了。"

女演员被推进手术室时，她的儿子站在一边哭。她却朝他挥了下手，微笑着说："不要担心，我马上就回来。"

在去手术室的路上，她一直在背诵她演过的一出戏里的台词。后来，当有人问起她这么做是不是为了提起精神时，她说："不是的，是要让医生和护士们高兴。他们受的压力可大得很呢！"手术后，女演员还继续工作，她的观众又为她疯狂了七年。

生活就是这样，当我们感觉世界亏待了自己，又无法回避时，倒不如欣然接受这些不愉快。有时候彻底地接受看起来就像是一场冒险，但是当你从所有折磨中解脱出来时，便会证明这一切的努力都没有白费。

为此，你需要全身心地认可你心底深处的东西，不再和现实抗争。你不会因为某人抢了原本属于你的升职机会而恼怒，也不会因为挫败而一蹶不振，而是从中吸取教训，继续前行。渐渐地，你就会发现，当你不再去否认现实的时候，你所受的折磨也变少了。

一次考试也许会暂时地影响你的前程，但也无法阻挡你成为优秀的人。在当今这个年代，才华横溢的人被埋没的概率非常低。唯一的原因，无非是你还不够努力，不够优秀。

当你被不公平地对待时，对方或许知道这个事实，但他也有可能并没有意识到。而如果他突然意识到他的行为伤害了你，那么你的怨恨只会让他拒绝承认自己的过失。如果他并没有意识到，那么你再生气也改变不了什么。你能做的就是让自己坚强地站起来，提醒自己在未来要更加小心。

有些事情既然已经成为事实，就尝试着去接受、去面对。世界不会因你而改变，你所能做的，就是适应世界，活出自己的精彩人生。

06
把不快乐的事做得心甘情愿

小时候，我们总是很容易快乐和满足，一件新衣服、一份小礼物就可以让我们兴奋上好几天。可是，我们长大以后，却发现似乎没有什么东西可以提起我们的兴致了。于是，我们开始重新审视自我，敏感、计较、浮躁、焦虑，整天忙忙碌碌的却像只无头苍蝇，内心是多么渴望变回过去那个轻松、快乐的自己。是记忆变了，还是我们变了？从什么时候开始，我们竟然失去了感知快乐的能力？

人生一世，相信能够快快乐乐过一生是每个人心中的一个梦。然而，有位哲学家却说："人生就是一场苦难。"的确，谁都不能无忧无虑地过一辈子。为了生存，为了目标，我们承受着巨大的压力，似乎我们生来就要成为生活的奴隶。终于，我们的努力换回了梦寐以求的物质享受，生活看似已没有太多的缺失，可是为什么我们总感觉若有所失？为什么在这一刻我们不能感受到身心的轻松愉悦呢？

其实，人之所以活得辛苦压抑，主要是因为长期以来忽视了自己的内心感受，强迫自己做不甘心、不情愿的事。不妨问问自己这样一些问题：我是个什么样的人？我为什么而活？我现在做的事都是心甘情愿的吗？我快乐吗？

很多女人都懒得思考自己究竟想要什么，在她们看来，只要自己过得和大多数人一样就很知足了。

然而，世上最可怕的事情不是为了生存奔波，而是心灵为现实所累，继而丧失了自由与梦想。你可曾注意到沟渠里的一摊水？污浊、死寂，看不到任何生命的活力。唯有那奔腾不息的河流才能彰显出生命的活力。

很多时候，我们当中的许多人好比一只在原地快速、机械地旋转的陀螺，生活的快节奏将我们带入麻木的境地，当内心的激情、活力被日渐磨灭时，我们也懒于奋斗，懒于思考，懒于改变。然而，人最危险的堕落莫过于麻木地停滞，以无所谓的态度对待一切。这样的你与沟渠里的那摊死水还有什么区别？

你可能会说："我并非天生丽质或是家世显赫，只能靠拼。"努力奋斗固然好，但是如果拼命工作、努力奋斗是怕被别人看不起，这就不是要强，而是自卑了。要知道，很多时候，我们一旦被情绪控制，只敢抓住而不敢放弃，就会活得很累。

其实，真正优雅的人生，是用一颗平静的心、平和的心态、平淡的活法滋养出来的从容和快乐。尽管每个人所走过的时光里，都不可避免地会有一些艰难和痛苦，但人生的修行在于能够让自己的内心和生活在不断的磨合中找到一种平衡。这样，人生中所有的经历才会成为生命里最好的呈现。

假如我们想培养平和的心境，请记住一个原则：有了快乐的思想和行为，你就能得到快乐。爱你所拥有的，珍惜你所拥有的。生活从来不会辜负那些快乐又美好的人生。

07

你的生命，不因别人的认可而存在

在现实生活中，很多女人常常因为他人一句无意的嘲笑或者同事一次无心的抱怨而闷闷不乐，甚至开始怀疑自己、否定自己。可以说，这些女人一直活在别人的评价里，很少回头看看自己的感觉是什么，自己需要的是什么，自己的想法是什么。

如果你期望人人都对你感到满意，你必然会要求自己面面俱到。可是不管你怎么认真、努力地迎合他人，都无法做到完美无缺，让所有人都对你满意。而且我们每个人都生活在自己所感知的现实中，别人对你的看法也许有一定的依据，但是不可能完全反映出你的本来面目和完整形象。

人生只有一次，你有好好地活出自己本来的模样吗？如果你以取悦他人作为自己的奋斗目标，那么你的一生只能悲哀地活在他人的阴影里。如果你总是在意别人眼中的自己，而一味地迎合别人的期望，那你只会越来越感到迷茫，从而失去自己真正的想法。

你不一定要无视自己的软弱、害怕、苦恼，一味地向积极、正面的方向走，而忽略自己内心深处的无奈、无助和孤单。要知道，那只会造成自我的疏离、分裂，让你离真实的自我越来越远。

一个人是否实现了自我，在于他在精神上能否得到幸福和满足。你不需要活在别人的认可里，快快乐乐地为自己活，潇潇洒洒地"自恋"，哪怕别人把你当成"精神病患者"，你也要做一个快乐的人。

玛利亚每天都在房前的空地上练习唱歌。一个邻居听了，冷笑着说："即使你练破了嗓子，也不会有人为你喝彩，因为你的声音实在是太难听了。"

玛利亚听后，并没有自卑或者生气，她回答："我知道。你所说的这番话，其他人也对我说过很多次。但我不在乎，我是为自己而活的，不需要活在别人的认可里。我只知道我在唱歌的时候很快乐，所以无论你们怎么嘲笑我的声音难听，都不会动摇我继续唱下去的决心。"

的确，一生为别人而活是很累的，也很愚蠢。每个人都应该坚持走自己的道路，不被流言吓倒，不被他人的观点牵制。

或许你会说，谁都不可能孤立地生活在这个世界上，很多知识和信息都来自他人。这话说得没错，但你怎样理解是你个人的事情，这一切都要你自己去理性看待。

认识、了解自己，知道自己想要什么，也许不能让我们对人生、对生活的困惑完全消失，但是会让我们不那么容易被外界影响，迷失自己。为了更好地认识自己，你可以问问自己下面几个问题：

（1）我是谁？我是怎样的一个人？

（2）我的价值观是什么？我更看重什么？

（3）我的优势、劣势分别在哪里？

（4）我有什么性格特质？如果用五个词描述我的正面特质，是什么？如果用五个词描述我的负面特质，又是什么？

（5）我能做、我适合做、我擅长做和我喜欢做的事情分别是什么？

（6）和怎样的人相处我会感觉愉快？和怎样的人相处我会感觉不舒服？

当你开始寻求这些问题的答案时，你会逐渐成为自己的观察者，像观察别人一样观察自己，这样反而更能看得清楚自己，知道自己能做什么、适合做什么、擅长做什么。只有懂得享受自己的生活，不受别人的消极影响，不在意别人的负面评价，你才会更加幸福。

为此，你应该经常鼓足勇气对自己说："我很重要。我的地位可能很卑微，我的身份可能很渺小，但这并不意味着我不重要。""重要"并不是"伟大"的同义词。当你带着无比的决心，勇敢地去尝试、去踏出那一步的时候，整个世界都会来帮你，甚至当初不理解你的人都会过来支持你。因为他们如果真的爱你，就会看到你活出自己的模样后的光彩夺目，会由衷地对你表示赞赏。

08

适当地放弃，是人生优雅的转身

　　生活中，很多女性总是执着于绚丽多姿的生活，执着于没有结果的爱情，执着于眼前的功利，可是稍不留神，就会陷入不堪重负的状态。其实，有时放下一点儿，就会得到更多。会放下的女人，才是真正优雅的女人。

　　也许你会说，放弃有时候比争取还要困难。的确，因为放弃也是一种选择。人一定要想清楚三个问题：第一，你有什么？第二，你要什么？第三，你能放弃什么？对于多数人而言：有什么，是对自己现状的把握；要什么，是自己内心的明确目标；能放弃什么，却是最难想明白的。

　　没有人可以不放弃就得到一切，做任何事都要付出成本，人生最大的成本不是金钱和时间，而是机会。一个人越是什么都不愿放弃，就越容易错过人生中最宝贵的机会。

在我们身边不乏这样一些女人：她们一辈子都活得很难过，总是记得某某人曾经欺骗她、伤害她，或是某些童年阴影让她始终不快乐。其实，她恨的那些人，也许连发生过什么事都想不起来了。真正让这些事过不去的，其实是自己放不下，她变成了封锁自己的牢笼。

每天我们都要经历很多事情，有开心的，也有不开心的。事情一多，就会变得杂乱无序，然后心也跟着乱起来。如果痛苦的情绪和不愉快的记忆一直充斥在心里，就会使人萎靡不振。只有把一些痛苦扔掉，才会有更多、更大的空间让快乐进来。

人生，没有过不去的坎，你不可以坐在坎边等它消失，你只能想办法穿过它；人生，没有永远的伤痛，再深的痛，伤口总会痊愈；人生，没有永远的爱情，没有结局的感情总会结束，不能拥有的人总会忘记，慢慢地，你就不会再流泪……放弃，有时是为了换取更大的空间。适当地放弃，不失为人生优雅的转身。

第二章

既然不能选择出身，
那就提升内在的修养

种树者必培其根，种德者必养其心。

01

心平气和，简单生活

好好想想，现在的你是不是经常因为那个风情万种的女孩而与男友喋喋不休地争吵，因为柴米油盐与杂货店的老板讨价还价，因为淘气的儿子欺负了同班女学生而怒火中烧？

当你为生活所累时，你会发现自己不再有笑容，你甚至为此变得歇斯底里。可是，亲爱的女性朋友，你可知道，你最美丽、最珍贵、最快乐的时光，其实并不是别人夺走的，不是每天逼你加班的领导，不是强迫你戴上面具的社会，而是你自己浪费的。你把它们浪费在失意时沮丧，受挫时懊恼。

女人最宝贵的财富不在别处，而在于保持一颗宁静的心。做个心平气和的女人，在向前走的路上，放下日日挥散不去的烦恼，放下令你深陷其中不能自拔的痛苦，让你的心轻装上阵，美好的一天自然就会到来……

很多时候，我们之所以不能心平气和地生活，关键是没有及时驱赶心中的恶魔。因为心存邪恶的念头，就不会理智地克制自己，经常会做出让自己悔恨的蠢事；因为没有及时清扫心灵的灰尘，意志薄弱者就会不时掉进深潭；因为时常鬼迷心窍，让愚蠢蒙蔽双眼，进入错误的岔道还不知道。

美国哲学家梭罗曾在美国最好的大学之一——哈佛大学受过教育，后来却到当时还非常荒凉的瓦尔登湖附近隐居，像一个原始人那样过着简单朴实的生活。过了两年的隐居生活后，他终于领悟到：人世纷扰，不被奢华的生活所累，才能享受内心的轻松和愉悦。我们要对人世、对他人心平气和，一无所求。

如此的态度就是心平气和。尽管人生在世，人与人之间的摩擦、误会和矛盾在所难免，但是若做不到心平气和，生活如同置身于痛苦的深渊，毫无乐趣可言。保持内心的宁静，过简单的生活，才有可能是好运气的开始。

当你与人说话的时候，不妨学会心平气和。即使有再大的怒气，也不要大喊大叫，因为你的大叫，除了扰乱自己的心神，并不能让事情变得更好。歇斯底里的吼叫征服不了别人，只会让你在疯狂中失去理智。

因此，女性朋友要学会控制自己的情绪，保持心态的平和。即使外面的世界阴雨绵绵，即使遇到了暂时的不顺，我们依然可以保持内心的美丽。从现在起，试着把你的心放平、放轻，做一个心平气和的女人吧。

02
与其在嫉妒中过日子，不如努力提升自己

关于嫉妒心，我们不得不承认这是每个人都存在的心理。有一些女人总是嫉妒那些比自己好、比自己优秀的人。

莎士比亚曾说："您要留心嫉妒啊，那是一个绿眼的妖魔！"嫉妒表面是对别人的不满，而事实上，反映的却是对自己的不满。我们在哪些方面认识到自己的不足，就会在哪些方面表现出对别人的嫉妒。

这样的嫉妒就好比一块石头。你若把它背在身上，那么负担就来了；但是你若把它垫在脚下，它就会成为你进步的阶梯，让你一步一步接近目标，走向成功。

比如，如果我们嫉妒一个同事，并打算通过竞争超过他，而我们

的行为不会对他造成伤害。那么，在这种情况下，嫉妒就会成为一种积极的动力。如果你能从自己对同事或朋友的嫉妒之心中获得前进的动力的话，那么你也就成熟了。

消除嫉妒心理有一种方法，就是努力让自己变得更强，努力让自己变得比嫉妒的那个人更好。

有一个姑娘，微胖、短发，其貌不扬。她喜欢了很久的一个男生在她鼓起勇气准备表白之前恋爱了。她去看了那个男生的女朋友，回来之后，她是那么不自在。闺密以为她只是嫉妒那个女生能和她喜欢的男生恋爱。但是自那以后，这个姑娘开始减肥、学习化妆，并不断充实自己，最终成了很多人眼中的"女神"。

若干年后，她才说出自己当时的真正感受："那个女生不仅仅漂亮，而且优雅大方、气质出众。没错，我是嫉妒她的，可我想得更多的是，我为什么没有努力过就告诉自己不行？"

看，这就是嫉妒心理带来的积极效果。嫉妒往往会告诉你自己想要什么，以及有多么想要。当你产生嫉妒之心时，如果你能够稳住，不去急于消除这种不愉快，而是想得更深一点儿，你就会发现内心的渴望。倘若你能把这当作提高自己的动力，你的人生便会因此开阔许多。

看到别人晒旅游照，不妨收拾起酸酸的情绪，与其聊一聊当地的风土民情和奇闻逸事，不也很长见识吗？看到别人炫富，不用急着屏蔽取关，问问别人有什么致富之路或生财之道，岂不更受益？所以，当积压在心底的那些酸溜溜的嫉妒情绪不断出来捣乱时，不妨想想如何把自己变得更强、更厉害吧，这样嫉妒心才不会泛滥。

嫉妒到底是纯净的还是充满杂质的，一切取决于你的心态。与其在嫉妒中过日子，不如努力提升自己，培养自己良好的心态，接受别人的优点，做自己想做的事情，用一颗宽容的心使自己成为一个有内涵的优雅女性。

从现在起，请正视你的嫉妒心，让它成为你自驱力的来源，在不久的将来，你会感谢它。因为它，你才变得更加美好。

03

谁都愿意帮助那些爱说"谢谢"的人

"谢谢"这个词是具有魔力的。如果你能在适当的场合自然地使用"谢谢",必然会彰显你的优雅气质,使你成为受人欢迎的女人。

常说"谢谢",不仅会使人变得有礼貌、有教养,对自己身心的健康发展也是有好处的。科学研究表明,生活态度积极向上、处处心怀感激的人,除了身体健康、有更高的幸福感之外,与人相处也更加融洽。感恩的心态使他们有着积极乐观的生活态度,面对压力与困难时也能平稳度过。

然而,在生活中,我们却经常看到这样一些女人——她们不是不想表达自己的感激之情,只是不知道该如何开口,只好选择沉默。还有些女人的充满感情的表达常常让对方感到不自在。对于"谢谢"这个再简单不过的词,一些女人常常轻视,这让她们在不知不觉中与好机会、好人缘失之交臂。

虽然向别人表达感激之情并不是什么太难的事情，但是我们在表达的时候，还是需要一些技巧的。比如：进电梯时，人家请女士优先，不要若无其事地进去，而应轻轻地点点头，说一句"谢谢"；穿戴的衣饰得到别人的称赞时，不要笨拙地说什么"哪里哪里，都是便宜货"之类谦虚的话，而应大大方方地说声"谢谢"。再比如，当论文或演说被别人称赞时，我们不免会感到很高兴，很想细说一下独具匠心的地方，不过，这种时候其实轻轻地说句"谢谢"就可以了。

当工作中得到表扬时，也要诚恳地表示感谢。如果是团队一起付出得到的回报，还要补充一句"是大家一起努力的结果"或者"多亏了××"。当然，如果有人在工作上帮助了我们，也要真心实意地表示感谢。不能认为既然对方处在那个职位，帮忙是理所当然的。尤其是在对待餐馆的服务员、收银员等的态度上，不要认为既然自己付了钱，享受他们的服务就是天经地义的，而是应当礼貌地说一声"谢谢"。

当然，你在说"谢谢"时，必须诚心诚意，并让对方感觉到这一点。要知道，表达你的感激不是什么表面文章，而是你真的需要感激，这种感激来自你的内心。而且你在表达感激的时候，不要忘记对方的名字。"谢谢你！"和"谢谢你，小李！"的效果是完全不同的，尤其是你们并不是太熟悉的时候。再者，最好注视着对方，这样才能显出你的真心，交流也会比较容易进行。

要想成为一个受欢迎的女人，就要养成找机会感谢别人的习惯，不要把感谢藏在心里，那样别人永远也不会知道。尤其是当别人没有想到时，一句真心的出人意料的感谢，更会让对方满心欢喜。

04

你的善良终究会给你回报

优雅不等于华服美钻，也不等于香车豪宅。它是一种内心的善良和高贵。一个人只有常怀悲悯之心，才能让灵魂变得干净、优雅而高贵。善良的女人如花中之莲，纯洁而高雅，她们有一颗清澈见底的心，将美好根植在岁月中。善良的女人举手投足间散发着清香，如春天的细雨，无声地将善良播种，温暖自己，芬芳他人。

你可能见过这样的女子，或许你正是这样的女子——她的长相并非倾国倾城，但是见过她的人都会异口同声地称赞她的美丽。人们之所以被她征服，不仅是因为她有一张热情洋溢的笑脸，更重要的是她有一颗纯净善良的心。

善良的女子是真诚的。只要她看到了你求助的目光，就会热心地走到你的身旁，毫不虚伪。周围人从见到她的第一面开始，就会毫无顾忌地信任她。或许你有充足的物质来报答她的亲切，或许你身处贫困无法表达你的谢意，但是她全然不在乎这些，她只想着给需要帮助的人送去阳光般的温暖，你的满意的笑容是对她的最高奖赏。美国作家马克·吐温称善良为一种世界通用的语言，它可以使盲人"看到"，使失聪的人"听到"。心存善良之人，他们的心滚烫，情火热，可以驱赶寒冷，横扫阴霾。

一场暴风雨过后，成千上万条鱼被卷到一个海滩上。一个小男孩不厌其烦地捡着，每捡到一条便送到大海里。

一个恰好路过的老人对他说："你一天也捡不了几条。"小男孩一边捡着一边说道："起码被我捡到的鱼获得了新生。"一时间，老人为之语塞。

其实，每个人的心底都有一颗善良的种子。善良是灵魂的微笑，善良是对生命的感恩。在人生路上，用善良的心来对待生活，生活就会处处明媚。一个人可以没有让旁人惊羡的才华，也可以忍受贫苦的日子，但不能没有善良——因为善良是生命的"黄金"。

为了美丽，你可以去用高级化妆品，可以购买名牌衣服，也可以去整容，但我想进言一句："不妨尝试一下修炼内心，唤起你心灵深处的善良之泉，它会灌溉你、滋养你，会给你增添永不褪色的美丽与风采。"

一个人的美是由内而外的，心灵美才是真的美。女人可以不漂亮，但一定不能不善良。赠人玫瑰，手留余香。每一份感动如花瓣一般，让生命的春夏秋冬变得绚丽多彩。即使有一天容颜不再，生命也会因为善良而美丽，永不凋零。

05
欣赏他人，才能成就自己

在现实生活中，有很多女性往往不愿去欣赏别人，这其中，有的是不懂得怎么去欣赏别人，有的是对身边美好的事物视若无睹，有的则是以自我为中心。我们为何不会用欣赏的眼光去看待这个世界呢？不妨问问自己：你有留意过别人吗？你有关注过别人吗？你会带着欣赏的眼光去看待别人和这个世界吗？你是否希望得到别人的关注呢？

假如我们用挑剔的眼光看待这个世界，那么我们的眼中将是遍地荆棘。如果我们总是用欣赏的、善意的眼光看待周围的一切，那么我们的生活就会充满温暖的阳光。

记住，一个人要学会欣赏别人。在欣赏别人的时候，会获得一种愉悦。但凡成功、优雅的女人，一定懂得欣赏、赞美别人。

这种女人总是能够温柔地对待这个世界。她会把对自我的关注暂放一边，把目光投向别人的优点；她会把对别人的苛求暂放一边，想想他们值得肯定的地方。不仅如此，她还会把对他人的欣赏和肯定直接用语言表达出来。

其实，我们能否快乐地生活，取决于我们是不是以关注与欣赏的眼光来看待这个世界。当然，欣赏绝不仅仅是视觉的感受，它是一种发自内心的愉悦的体验，凭借着我们情感的触角，感知这个世界的美好。

看看我们生活的这个五彩斑斓的世界吧，有花有草，有山有水，有风霜雪雨，有春夏秋冬，几乎每时每刻都在不停地变化着，难道这些不值得我们去欣赏吗？而且我们的周围既有欢笑，也有伤怀；既有团聚，也有分别……哪一种不是我们生命中值得留存的记忆，不值得我们去欣赏呢？

有位哲学家曾说过："渴望得到别人的认可和赞赏，是人类埋藏最深的本性。"天底下几乎没有不喜欢被赞美的人，几乎没有被赞美后而不尽心竭力的人。任何人在他的成长过程中，都需要得到别人的欣赏和认可。得到他人的欣赏，就是得到了一种激励，得到了一种慰藉和力量。懂得欣赏他人，就是知道尊重和关爱他人，知道看到他人的长处。

一个懂得欣赏别人的女人，在把慰藉和力量给予他人的同时，也把激励和鞭策给了自己。因为在欣赏他人的过程中，她能看出自己的不足，懂得什么叫作"天外有天，人外有人"，进而冲破自己给自己设置的樊篱，脱离井底之蛙的自以为是。毕竟每个人都有不足，不可能完美无缺。如果我们总是盯着他人的短处，认为他人一无是处，又怎么能与他人和谐相处？欣赏别人带来的快乐，一定比憎恨、打击别人带来的快乐要多得多，长久得多。

其实，真正懂得欣赏、善于欣赏的女人，无时无刻不在欣赏自己的生活。无论是跋涉中的风雨，还是黄昏里的落日，无论是孩童蹒跚的脚步，还是岁月镌刻的皱纹……她们都会用一种欣赏的态度来温润自己的双眼，丰盈自己的心灵。

学会用欣赏的眼光去看待身边的人和事，你的人生就会因为这份欣赏与被欣赏而变得更加和谐、灿烂！

你做的每一件事，都是你的名片

在网上，我们轻而易举就能找到很多类似"教你如何做个优雅的女人"的帖子。你真的相信优雅是那么容易就能得到的速成品吗？也许穿上一件昂贵的衣服能让你看起来优雅，可是一张口、一走路就露馅儿了。一个人是谁，并不是看他的简历和名片上写了什么，而是看他的所作所为。如果想优雅，就要从日常生活中的小事开始修炼。

L小姐是一位自媒体人。一个夏日的午后，她与出版社的编辑约在西餐厅见面。

那天她们第一次见面。L小姐穿着一件修身的连衣裙，涂抹着正红色的口红。

她们一直在聊着天，吃着东西。其间，L小姐离开了一下，待她回席，编辑发现她补了一次妆，红唇还是那么美。正如她在文章中写的那样，见面的时候，一定要漂亮。

　　在L小姐身上，我们看见了一位优雅美丽的女性，背后是独自一人的修炼。有时候，优雅就是临出门时涂上口红的嘴唇，是走路时傲然挺起的腰身。姑娘，请你永远记住，别在人前换鞋，别在人前补妆，别在人前排练。你出现在那里，一定是笃定自信的，而不是慌慌张张的。做最好的自己，即使没有人看到也要如此。你对生活认真，生活也会馈赠给你想要的一切。

　　其实，不管是在生活中，还是在职场中，每个人都会根据自己的观察来判断一个人的性格。一个穿着整洁、认真热情的客服，做什么工作都不会太差；一个能把最简单的工作耐心地做好的实习生，交给他别的事情，你也可以多一分安心；一个对待陌生人都客气礼貌的女孩，性格一定不会差到哪儿去。

　　同样的道理，我们也不会相信，在地铁上因为一句话就大吵大闹的两个女孩有很好的控制情绪的能力，一个满脸愁云的女人对生活有满满的热情和期待，一个在小事上谎话连篇的人跟客户谈合作时能以诚相待。

　　你所做的每一件事，无论是好的还是坏的，都是你的名片。千万不要低估周围人的判断力，一定要认真对待生活和自己正在做的事。也许你以为没人看到的时候，有人已经给你贴上了标签。出门时，记得带上真心的笑脸，说不定谁会爱上你的笑容；就算下楼倒垃圾，也不要让自己邋里邋遢；别人给你倒水时，要用手扶，以示礼貌；屋里有人的时候，出门要轻轻关门……

在生活中，一个不经意的细节往往最能反映出一个人的深层次修养。女人并不一定要长得很美、很漂亮，并不一定要穿一身名牌，良好的修养才是使平凡的你在普通人中脱颖而出的最佳保证。

07

能忍得住多少争辩，就能获得多少赞美

在生活中，有很多女性总是习惯性地与人争辩。无论别人说什么，总要反驳。这样的女人不喜欢听取别人的意见，而且自以为比别人高明，事事要占上风。的确，好胜是大多数人的弱点，没有人肯自认失败。但是真正有意义的谈话会帮助你脱离愚蠢的旋涡，更清醒地应对一切。而那些有修养、成熟的女人，决不会跟人计较一事之短长，更不会跟人争论不休，因为她们知道争辩之下无赢家。

人际关系学大师戴尔·卡耐基先生曾讲过这样一个故事：

有一次，我参加一个宴会。席间，坐在我右边的来宾引用莎士比亚的一段话，叙述了一个非常幽默有趣的故事。

但他却说那段话引述自《圣经》，当时我一听到他那么说，立即有种表现自己重要性与优越感的冲动，于是当场提出了异议。

　　"什么？那是莎士比亚说的？那怎么可能？太荒谬了！那段话明明是从《圣经》里节选出来的，我再清楚不过了。"那位说故事的先生情绪很激动地对我进行了反驳。我的左边坐着法兰克·贾蒙先生。他是我的一个老朋友，对莎士比亚的著作颇有研究，所以我就决定让贾蒙先生来裁定孰是孰非。结果贾蒙先生却在桌下偷偷踢我一脚，然后说道："戴尔，你错了。这位先生说得没错，那是《圣经》里的话。"

　　当晚回家途中，我问贾蒙先生："法兰克，你怎么也会弄错？那句话明明是莎士比亚说的啊！"

　　"当然是！"他立刻应道，"是《哈姆雷特》第五幕第二场的句子。问题是咱们受邀做客，又何必要让他难堪呢？你指出他的错误，难道他会因此而对你产生好感吗？不管是什么场合，你都该切记：尽量避开不必要的争论。"

　　是的，据理力争，或许能让你得到一些胜利的快慰，但那种胜利是空洞的，因为你永远得不到对方的好感。

　　比如，在会议室里，你可以因为不满意一个方案而反复与人争辩，甚至争得面红耳赤，因为这关系到众人的权益，所以值得你用全部精力去争取。可是，在私人谈话中，你就大可不必这样了。因为毕竟没有几件事情是值得我们以友谊为代价去争辩取胜的。如果你偏要这样做，不仅浪费了精力和时间，还损害了感情。

生命中往往有很多沉默的时刻，不是所有的是非都能辩明，不是所有的纠葛都能理清。争来争去只会伤了彼此的和气，平添无谓的烦恼。你可以坚持你的主张，你可以对别人的计划提建议，但不能采取争辩的方法。

当有人为某事和我们争执时，那就让他赢，因为我们并没有因此而损失什么。所谓的赢，他又能赢得什么，得到什么？所谓的输，你又输了什么，失去了什么？这个世界不是所有的人都懂你，被不懂的人误解了，我们也无须争辩。

当然，不争并不是理屈词穷，也不是让对方闭嘴，而是以柔克刚、消除分歧的智慧。它不仅是我们宽厚之德的外化，也是与他人相处的根本。放下争执之刃，就会免受纠结之苦。学会以淡然的平常心应对无常的人生，才是真正的优雅。

08

举止得体，比好看重要多了

不知你有没有注意过，你的身体也会说话。这种非口头的交流所传递的信息占据了我们所要传达的信息的百分之九十三。其实，我们都是根据举动和面部表情来迅速做出评判的。对于女人而言，很多时候，体态比语言更能传达出她的所感所想，而且更容易让周围的人生出好感。

女人优美的身材和体态不仅有利于魅力的提升，还可以展示出女人的内涵与素养。在社交场合中，拥有优雅的体态，不仅是一个女人有教养、充满自信的表现，更能给他人留下深刻、美好的第一印象，赢得别人的好感。最美的女人，其体态也是优美的。

对于女人来说，华丽、时尚的服饰只是为了修饰我们的形体。只有把体态调整到最佳状态，才能使服饰最大限度地展现其魅力。这样的女人才是真正有魅力的女人。

一个身心和谐的女人，体态是柔和舒展的；一个善良温柔的女人，体态是柔美的；一个积极进取的女人，体态是挺直端庄的；一个优雅高贵的女人，体态是优美动人的。可以说，体态是女人灵魂和内在精神的物化，是女人变得有魅力的一门重要的修炼课程。

那么，如何才能拥有得体的体态，从而在人群中脱颖而出呢？首先，站姿要正确。正确的站姿不仅让你倍感自信，更能赢得他人的尊重。站立时，要把肩膀向后靠，收回腹部。同时，脖子与背部呈一条直线，脖子、头部不能向前倾。手自然下垂或在腹前交叉，给人一种秀雅优美、端庄大方的感觉。

女人的精神状态如何，完全可以通过她的坐姿看出来。恰到好处的坐姿可以给人端庄、稳重的感觉。当别人请你坐下时，你应当走到座位前，转身后轻轻地坐下。如果身着裙装，坐下前先将裙摆整理一下。当你坐下时，应当坐满椅子的前三分之二，而不是一屁股坐满整张椅子。坐着的时候，上身挺直而稍向前倾，双膝自然并拢，双手交叠放在自己腿上。切记：即使是非常舒服的沙发或靠椅，也不应该将后背靠在椅背上，否则会显得你过于放松，没有礼貌，也会给对方留下傲慢的印象。

此外，走姿也有规矩。优雅的女性走在路上，无不是抬头，挺胸，收紧腹部，双手自然轻松地放在体侧，跟随轻快的步伐轻微地摆动。

如果你觉得自己的走姿不够优雅，可以效仿模特的训练法：在自己的头顶上放一本书，然后挺直后背，双臂小幅摆动，步伐均匀地往前走。等你训练到顶着一本书能身姿正确地在屋里自由地走来走去时，你的走姿就算过关了。或许更令你感到欣喜的是，你变得越来越自信了。

　　总之，很多时候，举止得体比容貌重要多了。这样的女人不喧宾夺主，总是安安静静的，却能赢得别人的尊重。

声音是女人裸露的灵魂

女人的声音以何为美？这是仁者见仁，智者见智的问题。在传统小说中，提到女人的声音，常用"声如莺啼"之类的词来形容，可见莺啼之声是深得部分人喜爱的。女人拥有令人心动的声音，可以让人心生好感。

英国前首相撒切尔夫人天生是一副细高的嗓音，然而，她和竞选团队一致认为，这样的声音不是一国首相该有的声音，也不是一位有教养的女士的理想的声音，因为缺乏自信和果敢，也缺乏深沉、安稳与含蓄。

撒切尔夫人便请来专业人士辅导，让专业人士告诉她什么才是理想的声音，如何才能发出理想的声音。只要开口说话，撒切尔夫人就按照专业人士的建议练习。

后来，撒切尔夫人的声音变得沉稳和缓、含蓄委婉，完全是一副柔和的女中音音色，同时口齿高度清晰，配合有节制的面部表情，展现在众人面前的是理性、尊贵、雍容的形象。

纵使你有闭月羞花的美貌，有不同凡响的时尚品位，但如果你有着聒噪刺耳的大嗓门，难免会影响他人对你的评价。撒切尔夫人在政坛素有"铁娘子"之称，一个操着尖厉高音的"铁娘子"很难让人心生好感；而有着柔和、沉稳音色的"铁娘子"，即使她的形象不够亲切，但至少也不会那么咄咄逼人。

优雅女人的声音如同泉水叮咚，奏响在生活的每时每刻，使生活如诗如画。心理学研究发现，女人留给人的第一印象中，声音占据很大的比重，高达38%。而且一份调查还发现，如果女人的声音甜美温柔，就会让异性更加信任，使异性愿意耐心地听其诉说，并且愿意提供帮助。

可能有人会说："声音是天生的，没有办法改变。"其实不然，声音是可以训练和改变的，关键是怎样把握和驾驭。女人在开始修炼之前，首先要认清自己的声音，尽管很多人认为这么做有一定的难度，但是你可以用录音的方式，把自己说的话录下来，然后进行检查。主要检查以下内容：

（1）你说得太快吗？如果是，你可能会给人留下急躁的印象。

（2）你说得太慢吗？如果是，你可能会给人一种对自己所讲的内容缺乏把握的印象。

（3）你是否含糊其词、支支吾吾？如果是，这是一种缺乏安全感的表现。

（4）你是否经常发牢骚？如果是，这是一种自我放任和不成熟的表现。

（5）你的声音尖厉而刺耳吗？如果是，你也可能给人留下急躁的印象。

（6）你说话时傲慢专横吗？如果是，则意味着你是固执己见的。

（7）你显得做作吗？如果是，这是一种害羞的表现。

在参加会议或与客户沟通的时候，千万不要为了引起对方的关注，而故意把音量提高。也许在你看来，这能让别人注意到你，但其实这样很容易给别人留下做作的印象。不妨留意一下电视里的主持人，你会发现他们的声音其实是从腹腔里发出的，低沉而有力度，自然而不做作。因此，在这些场合下，声音一定要有力，而不在于音量高。

声音是女人裸露的灵魂，可以传递出你的个性、喜好、情绪、健康状态等信息。说话声音好听的女人总会让人过耳不忘、记忆深刻，带给人听觉上的愉悦享受。

第三章

真正强大的女人是含着
眼泪依然奔跑的人

忍耐和坚持虽是痛苦的事情，但却能渐

渐地为你带来好处。

01
内心的强大，永远胜过外在的浮华

在生活中，很多东西在考验着我们的心理承受力，可能是一个难搞的朋友，一份没有前途的工作，或者是一段虐心的感情。不管面对怎样的挑战，如果你想成功渡过这一关，就必须内心强大，从全新的视角来看这个世界。

毫无疑问，我们都想要好朋友、好工作、好的爱情，但往往事与愿违。可是为什么有些女人的脸上总会露出云淡风轻的笑，究竟要多么强大的内心才能做到呢？

据说每个人每天都会和自己进行五千次对话，其中绝大多数话语都是在否定自己，比如"我很差""我无力""我不行"……这一切的根源，都是我们认定自己不强大。

然而，诗人贾拉尔·阿德丁·鲁米曾说："你生而有翼，为何竟愿一生匍匐前进，形如虫蚁？"只要你是一个人，天然就强大。因此，我们要学习的不是如何让自己强大起来，而是让自己原本就具有的强大闪闪发光。

生活的经历告诉我们：女人宝贵的财富不是青春美貌，而是强大的内心；女人幸福的结局不是嫁入豪门，而是以成熟优雅的姿态站立在巨人的殿堂。越是内心强大的女人越有让人尊敬的魅力。你要忍受得住破茧成蝶的痛，才能拥有振翅高飞的美。

约瑟夫在洗衣店做了二十年的送货员。然而，受金融危机的影响，他被解雇了。对于他这样的一个中年人来说，想再找一份工作并不容易，何况他没有一技之长。

约瑟夫正愁找不到工作时，恰好有一家面包店想转让，对方报价又在约瑟夫夫妇的承受范围之内。但是，他们必须把所有的积蓄都拿出来。

约瑟夫太太非常清楚，一切刚刚开始，在生意步入正轨之前，他们根本没钱去雇员工。所以，每天做完家务事后，她就在面包店里招呼客人，热心地经营着小店，经常一忙就是十几个小时。

在如此繁重的工作量和精神压力面前，想必很多人都会打退堂鼓，可是约瑟夫夫妇却熬过了这段日子。约瑟夫太太说："我知道，这是丈夫重新创业的机会。所以，我做这些事时，感到非常开心。"

不知不觉，五年过去了，他们的面包店经营得很好，收入不菲。约瑟夫夫妇为能够凭借自己的努力重新创业而感到十分骄傲。

在丈夫失业时，许多妻子总是一味埋怨丈夫没有承担起家庭的责任。这些妻子都不明白，只有她们给予丈夫一定的帮助，才能挽回困窘的局面。女人可以不强势，但是内心必须强大。尤其是在面对突如其来的危机时，女人更要内心强大，成为家庭的精神支柱。

　　在生活中，有很多女人都渴望成功。对于这些女人来说，她们并不是没有机会，也并不是没有资本，她们缺乏的往往是强大的内心。有些女人认为自己天生就是弱者，每当遇到困难时，她们的第一反应就是赶快找一个肩膀依靠，寻求最强有力的支持。

　　我们常说女人要独立，要自强。看看那些内心强大的女人，她们的拼劲儿不是写在脸上的，而是用行动来彰显的。这世界除了你自己，没人可以打败你。你用什么姿态奔赴未来，未来就用什么姿态迎接你。

　　可是，不少女人对人生必须面对的一些困难往往缺乏坚持的精神，因此她们输掉了人生，输掉了世界。在人生的道路上需要坚持的事情很多，作为女人，对美好生活的追求，更不能轻言放弃。事实上，人生从来没有真正的绝境，无论遭受多少艰辛，无论经历多少苦难，只要心中还怀着一粒信念的种子，只要不放弃，总能看到美好的希望。

　　很多女性对"内心的力量"有一种误解，认为这是一个人饱经沧桑之后获得的人生武器，故而是强悍的，是冷酷的。但实际上不是这么回事。一个内心强大的女人，在生活中能够做到泰然处之、宠辱不惊，不论外界有多少诱惑、多少挫折，都心无旁骛，固守着内心的那份坚定。这种内心的力量就是坚持自我的能力，是刚柔并济，顺其自然，游刃有余。只有内心强大，你才能真正做到无所畏惧。

当然，一个内心强大的女人也并非总是强势的，相反，她可能是温柔的、微笑的、韧性的、不紧不慢的、沉着而淡定的。当一个女人愿意做她自己，为她自己而活时，她便拥有了内在的力量，拥有了丰盈的人生。

02
亲爱的，没有什么比独立更让你理直气壮

女人从来不替自己的未来生活做打算是很危险的事。也许不同的人，给自己定的生活目标不同。但是不管想过哪一种生活，独立都是头等重要的事情。

曾经听过这样一番话："一个女人，你永远不知道前方等待着你的是什么，永远都要记住一点，能养活自己至关重要。"要知道，除了自己，没有人是可以永远让你依靠的。

其实，但凡有梦想的女人，从来都不会把自己禁锢在一个小小的空间里。她们也从不会依附别人，因为她们懂得坚实的经济基础才是维护自我尊严的必需品。

至于思想上的独立，对女人来说尤为重要。我们常说，有思想的人就会活得很精彩。假如你的思想不能独立，跟朋友在一起，如果他们问"我们今天去哪儿玩？"实际上他们是在征求你的意见。如果你说"随便呀！"或者"你说呢？我不知道"之类的话，他们会认为你没有主见，事事都要依靠别人，一次、两次也许他们会接受，但时间久了，相信没有哪个朋友愿意和没有主见的人做朋友。所以女人一定要思想独立，独具自己的个性，但也要恰到好处，不可张扬。

记住，女人一定要独立，做一个自由的人，只有这样，才能由内而外散发出青春和美丽。而且一个独立的女人，也是生动的，她的生活会过得有声有色，身心愉快，不压抑，不埋怨。

03

不好好准备，上天也无法帮你

　　面对身边优秀的女人时，你是不是心生羡慕？当你自叹不如时，你是不是习惯性地把这一切都归为自己的运气比别人的差？其实，你只看到别人的运气好，并不知道别人有多努力。

　　她们积极自律，每天按计划行事，有条不紊，而你毫无计划；她们早起健身，为新的一天起了一个好头，而你在睡觉；她们高效地完成了一个又一个任务，而你却浑浑噩噩地熬了一天；晚上回到家里，她们打开了电脑上网课，而你却沉浸在看搞笑的短视频中；睡前，她们或许从满满的书架上拿出一本书，或许拿起自己心爱的乐器练练手，而你还在为电视剧里的男男女女哭哭啼啼。

　　亲爱的女孩，请别再相信"女孩子根本不需要自己努力，找个好对象就万事大吉"这种话。想想世界上漂亮姑娘那么多，你又凭什么脱颖而出？哪怕是天生丽质，你也需要增加自己的附加值。能力和美貌一样重要，当你的经济能力足以支持你的梦想，你便获得了更大的自由，并且可以轻而易举地过上自己想要的生活，而这一定比指望另一个尚未出现的人来得更踏实。任何时候，女孩只有自己足够优秀才能找到优秀的另一半，女孩只有努力工作才能拥有更美好的未来。

面对成功人士，很多心高气傲的女人往往会说："那些人有什么了不起？我天资聪慧，不过是懒得做而已。"抱怨过后，依然是逛逛淘宝，刷刷微信。等到内疚感再次袭来时，已经不知过了多久。年轻人，别犯懒，别眼高手低，要知道，最投入、最努力的时候，运气最好。一位哲人说过："如果这世界上真有奇迹，那不过是努力的另一个名字。不努力的人，运气砸来了也接不住。"

就连号称"最爱玩的作家"的蔡澜也曾说过，他每天睡眠六个小时，其余的时间都用来写作、拍电影、录节目以及和各种各样的人谈天。七十多岁的人，依旧笔耕不辍；年轻的你，又有什么理由不努力呢？在可以吃苦的年纪，一定不要选择安逸。生活在如今这个时代，我们拥有更多的机会，但人才济济也让我们充满了危机意识。只有足够好，上天才会眷顾你。

还有一些女性习惯在潜意识里给自己营造一个很努力的假象，告诉自己："其实我很努力了，即使将来失败，也怨不得自己，只怪天意如此、造化弄人。"可是我们真如想象中那么努力吗？真的不是刻意营造出忙碌的假象吗？真正的努力，是脚踏实地地一步一步地去实现目标，并且有不实现这个目标决不妥协的坚持和笃定。

每个姑娘都有一颗"公主心"，但却不是每个姑娘都有"公主命"，你可能不会得到王子的青睐，但你可以用努力让自己活成公主的样子。

04

你不努力，谁也给不了你想要的生活

趁着青春，我们应该放眼未来，努力！努力！

如果你碰到一个大雨天，却没有伞，你会怎么样？是努力奔跑，还是在雨中漫步？回答这个问题之前，让我们看看这样一个哲理故事：

有两个人在街上闲逛。突然，下起了大雨。路人甲拔腿就跑，而路人乙却不为所动，还是慢悠悠地走着。

路人甲好奇地问："你为什么不跑呢？"

路人乙说："为什么要跑？难道前面就没有雨了吗？既然都是在雨中，我又为什么要浪费力气去跑呢？"

路人甲听后哑口无言。

换作你，会怎么做呢？是像路人甲那样努力奔跑，还是像路人乙那样从容？至于他们俩的选择，又是孰对孰错呢？

其实，他们都没有错，只是人生态度不同而已。虽然跑与不跑，都在雨中，但是心态不同，过程不同，结果自然也会不同。路人甲的人生相对比较积极，他最后的结果可能也是全身湿透，和路人乙没有区别，但不同的是他努力去争取了，而他也可能因此得到更好的结果——也许衣服只是湿了一点儿，还可以继续穿，也不影响他正常的交际活动。而路人乙的人生态度则显得消极多了，他对不努力奔跑的结果了如指掌，但是他选择了接受。

人生并没有对错，每一步都是自己的选择，也会带来相应的结果，而不同之处就在于，你期待什么，你就会得到什么样的结果。所以，路人乙浑身湿透的可能性是百分之百，他没有任何选择的余地；路人甲还有机会。这就是他们的不同。但是我们要为结果负责，而这个结果会带来不一样的人生。

其实，我们大多数人都是普通人，没有显赫的家世，没有富裕的家庭，没有光鲜亮丽的学历，等等。在雨中，我们应该做的，不是等，不是退缩，而是奋力奔跑以到达目的地。

泰戈尔说："只有经历过地狱般的磨砺，才能拥有创造天堂的力量。只有流过血的手指，才能弹奏出世间的绝唱。"如果你因为路途遥远而不敢奔跑，如果你因为看不见未来而不愿意奔跑，那么你又何必拥有梦想？这世上，了不起的不是梦想有多么伟大，而是在追逐梦想的过程中懂得珍惜、谦卑、感恩，懂得咬紧牙关熬过命运给予的苦痛。起跑点的优劣早已变得无关紧要，重点在于你是不是那位终生都在努力奔跑的人，你是否已经意识到并认同"越努力越幸运"这句话。

人生之所以存在不同，是因为我们的想法不同，是因为我们对机会和挑战的定义不同。是选择勇敢地面对，还是选择消极地逃避，这掌握在我们手中。要想得到比别人更好的结果，就要积极主动地为自己创造机遇。

你今天得到的美好生活和成就，就是你昨天努力的结果；你明天想要的美好生活和成就，要靠今天的努力来获得。努力就是最好的天赋。在努力的过程中，你会得到最好的馈赠。

你如果没有伞，那就努力奔跑吧。努力，不是为了与众不同，而是为了在平凡的生活里拥有掌控力。总有一天，努力会让你发现原来自己还有这样的一面：可以跨越重重的荆棘，可以爆发出巨大的潜能，可以变成这么好的人。

05

孤独拥有强大的力量

　　有人说，成长都是孤独的，当你一个人的时候，你要面对所有事情，而且你没有选择的权利，因为孤独是你的必修课。雨果曾经说过："孤独是一笔财富。"的确，大凡有成就的思想家、哲学家、文学家、艺术家都享受着孤独的财富。如果你不想随波逐流，淹没于茫茫人海中，就应该保持你的个性和自我，享受属于你自己的孤独。

　　法国的萨米耶·德梅斯特写过一本书——《在自己房间里的旅行》。他在写这本书时还是一位年轻的贵族军官，因为年少气盛去私斗，被判禁足四十二天。军令、屋墙虽然可以禁锢他的身体，却无法禁止他心灵的旅行。

在为期四十二天的禁足生活里，他写下了四十二篇随感。在小小的房间里，每一天对他来说都是一次极有意义的心灵旅行。他在文学、艺术、哲学、医学、生命意义等诸多领域进行了广泛的探索，那些在孤独中产生的智慧被记录成文字后，弥足珍贵。

这次小小的"旅行"，让原本狂妄自大的他变得谦卑自抑，让他原本麻木的思想变得敏锐，让原本令人郁闷不堪的禁足变成了一次轻松而富有哲理的心灵探索。

人生来孤独，也惧怕孤独，但是很少有人能够真正坦然地面对孤独。其实，人都有一个更好的"自我"，那个"自我"要在独处时才能被自己窥见，才能被自己寻找回来。对于有机会发现"自我"的人来说，在孤独中行走，在孤独中思索，将是其人生中非常美妙的一种体验。

可是，如今很多人憧憬的是物质上的享受，却很少有人去关心自己的内心需要的是什么，一旦面对孤独，十有八九都会感到烦躁不安，一心想逃离。而且大多数人都过于在乎别人的看法，总是想从别人那里获得存在感，不懂怎么享受一个人的时光。

其实，对于孤独这件事，倘若能换种心情去对待，像上面例子中的萨米耶·德梅斯特一样，能渐渐习惯孤独，安心地读书、思考、写作或者用别的有意义的事情来驱赶寂寞、烦闷，可能最后也会像他一样在孤独中品出一份诗意和禅意来。细细想来，有时孤独不一定是坏事，极有可能是创造另一种全新生活的契机，会让你静下心去思考更多更深层次的问题。

生活不可能像你想象中那么好，但也不会像你想象中那么糟。人的脆弱和坚强往往超乎自己的想象。有时，我们可能脆弱得一句话就泪流满面；有时，我们也会发现自己竟然咬着牙走了很长的路。

那些身陷孤独而不感寂寞和无聊的人，他们一定有着强大的精神支撑，才使自己在最孤寂的时候也不凋落，在身处绝境时内心依然有着坚定的信念。

这一生，我们终将学会面对孤独。孤独是生活的一部分，只要有足够的勇气直面孤独，终有一天，你会破蛹而出，成长得比自己想象中更好。

06
生活本来就是鲜花和荆棘并存

生命的旅程并非总是快乐的、充满幸福的。有时是阳光明媚，有时是阴云密布；有时处于人生的巅峰，有时又会跌入低谷。

挫折是人生旅途中必经的一站。女人应该勇敢地接受生活的考验，在哪里跌倒，就在哪里爬起来。

她是一位母亲，也是很多人的榜样，她不但从自己的痛苦中走了出来，还主动安慰那些和她一样痛苦的人。

她曾经有一个儿子，也是她唯一的儿子，然而，他在战争中牺牲了，那年他才二十岁。作为母亲，她的悲痛可想而知，但她却说，她并不需要别人的同情。

她说:"我认识很多母亲,她们从来不知道什么叫幸福。她们的儿子不是身体残疾,就是患有精神病,不能报效祖国。我的儿子非常出色,二十年来,我和他一起度过了幸福而快乐的日子。在我接下来的人生中,关于他的美好回忆将永远伴随着我。现在,我所能做的就是让那些在部队服役的孩子们不必担心他们的母亲。"

这位母亲是这样说的,也是这样做的。她不懈地工作着,去慰问军人的家属或者去看望那些受伤的战士。作为一位拥有成熟人格的母亲,她将自己的所有精力都放在帮助别人上。她如此忙碌,以至于没有时间沉浸在自己的痛苦中。

人的一生,不知道要遇到多少坎坷和磨难,而且很多事情都是无法预料的。当遭遇不幸时,很多人觉得全世界的钟表仿佛都停止了摆动,心在那一刻成了碎片。但是上面例子中的母亲却勇敢地选择面对现实,最终时间治愈了她心灵上的伤口。

其实,人生中的挫折都是有其存在的意义的,生命正是因为这种种的未知和种种的可能性,才变得绚丽多姿和魅力无穷。或许你还无法理解这些事情发生的原因,或许它们对你来说是痛苦难熬的。但是,当你回过头去审视这些事情时,你会发现天空依然湛蓝,河水依然清澈,树林依然葱郁,生活依然精彩,这个世界根本就没有改变。人生路上不可能时时有阳光相伴,不可能处处是风平浪静,如果改变不了事实,那就改变我们的心态吧!

很多时候,当你强迫自己继续前进的时候,在时光的流逝中,你

会发现痛苦正在渐渐减轻。或许有那么一天，当你缅怀过去时，浮上心头的只是幸福和甜蜜，而不是令人心碎的回忆，

罗曼·罗兰说过："世上只有一种英雄主义，就是在认清生活真相之后依然热爱着生活。"只要你勇敢地接受现实，拒绝沉浸在痛苦之中，那么，时间终会抚平一切伤痛，而你也会因此变得更出色。

07

你的负能量，不一定有人愿意接收

在生活中，总有一些女人不分场合、不分对象地诉说自己的苦难。

其实，每个人在生活中都会有各种各样的不顺心，但是这些并不是用来到处"展示"的。到处诉说自己的苦难，并不会让目前的状况有所改善，反而会让周围的人不舒服。

从前，有一只小猴子的肚子被树枝伤到了。本来只是一个小伤口，很快就可以痊愈。但是小猴子见到其他的猴子就说："我被树枝伤到了！一道很深很深的口子！你看！"然后扒开自己的毛给其他猴子看伤口。伤口由于多次被扒开，始终无法痊愈，小猴子越来越痛苦。

其实，到处诉说苦难，就等于一而再，再而三地提醒自己，也提醒周围的人注意不幸和挫折，这并不是一件好事。说得多了，自己在潜意识里也会觉得生活越来越糟糕。

更何况，没有人愿意一直做"苦难"的观众，不是没有同情心，也不是不关心你，只是不愿意对负能量全盘接受。飞蛾趋光，人也是一样的，都喜欢积极、阳光的人，和这样正能量的人交往，就会觉得自己那点儿不开心的事情不过是生命中的一个小插曲，没什么大不了的，未来还是光明的、有希望的，生活是有滋味的。

有一个女职员，她为人很好，但是不知道为什么大家总是对其避而远之。

一个东西摆在她面前，她总是习惯性地看到不足，不是这不好就是那不好。对未来，她也持悲观态度："以后只能一个人过了，不会有好男人。""现在就这个样子，以后更不行了。"……

有时一早到公司，当同事开心地和她说"早上好"时，她会很无力地看着同事，传递出满满的负能量，好像在说"糟糕的一天就要开始了"。

就这样，这位女职员一边固守现状，一边抱怨生活，因为她不敢改变，她坚定地认为改变之后肯定不如现在，尽管现在也很糟糕。

　　每个人身上都是带有能量的，健康、积极、乐观的人带有正能量，和这样的人交往，你也会变得快乐向上，觉得活着是一件很有趣的事情。

　　然而，悲观、脆弱、绝望的人刚好相反。尽管我们可以同情她们的不幸和苦难，但是没有人会喜欢一张阴云密布的脸，也没有人愿意每天接受各种各样的负能量。如果你在生活中总是扮演那只受伤的小猴子的角色，那只会让周围人都想躲着你，因为没有人喜欢接近负能量的人。

　　我们没有办法控制生命的长度，也无法预知未来的坎坷，但是我们可以选择自己的关注点。若是一直盯着苦难，苦难就会被不断放大。到处向他人"展示"苦难，他人的同情并不能帮助你从根本上解决问题。

　　请不要再到处诉说你的苦难。其实你经历的痛苦和不幸，也许别人正在经历或是已经经历过，只不过他们看到的更多的是美好的一面。没有谁的生活是一帆风顺的，一个一直把不愉快写在脸上的女人，又怎么能发现生活的美好呢？又怎么能成为有魅力的女人呢？

　　到处诉说你的苦难是没有意义的，唯有战胜它，才能成就一个更强大的自己。要记得，总有一天，会有一束阳光驱散你所有的阴霾，带给你万丈光芒。

从现在起，不妨多分享你的快乐吧！让自己拥有快乐起来的能力，而不是盯着眼前的苦难。把关注点放在快乐和美好的事情上，一切都会悄悄地发生改变。

08
提升能力才是王道

很多时候，我们不是输给了对手，而是输给了自己。一个能战胜自己的人，没有什么是他不能战胜的。道理是很浅显的。当你明白这个道理的时候，接下来就知道该做什么了。如果你想有所成就，那就马上提升自己的能力，让实力说话。

下面，我们先来看看两个例子。

例一：

小V的工作能力一般。而且不知怎么回事，总是和上司不对付。上司每次布置完任务，小V都会说一两句牢骚话。渐渐地，上司对她越来越不满。

矛盾的集中爆发，是因为年度预算的分配。小V总认为上司给她部门分配的预算太少，不合理，让上司给个说法。上司解释说是根据去年的完成情况和今年的指标数据来分配的预算。小V就让上司公开去年的完成情况和今年的指标数据，并逐条解释清楚。上司怒发冲冠地拍了桌子，令人意想不到的是，小V竟然也拍了桌子，一场会议就这样尴尬地收场了。

后来，小V被调离了所在的城市，职业发展也受到影响。

例二：

小P毕业后进了一家大型企业工作。由于刚毕业的小P身上还保留着一些学生的稚气，所以小P刚开始并不受领导的待见。但是小P很勤快，还有一副热心肠，平时同事需要她帮忙，小P总是能帮尽量帮。即便如此，小P还是从侧面得知领导对她的评价并不高，但小P并不把这些放在心上，而是继续做好自己该做的事，同时努力提高业务水平。

就这样，一年半过去了，小P因为业务表现优秀，升职了。又过了一年，小P第二次升职，这时小P已经成了老领导的上司，并和老领导变成了很要好的朋友。

生活好比一份考卷，每个人都不过是在努力而认真地给出属于自己的答案，不过生活并没有什么标准答案。但是如果抛开价值选择的因素，有一点却是显而易见的：即便别人不讲理，但如果你有足够的实力，你依然可以得到自己想要的生活。像例一中的小V，如果她能认识到自己实力欠缺，能够像例二中的小P一样，用心提升自己的能力，又怎么会被上司无理对待？

如果你的业绩不出众，而你去怪你的同事不讲理、不配合，又有什么用呢？不如想一想如何提升自己的能力，让自己更有竞争力，这才是王道。

因此，当你的业务水平还不能独当一面的时候，你就不要轻易说你的同事不讲理。因为你都不能用实力去证明自己，凭什么让别人对你的话欣然接受？

虽然我们不能改变别人，但是我们可以改变自己；虽然我们管不了别人的嘴，但是我们可以掌控自己的脚。就算世界并不明亮，但如果你努力发光，让自身的光芒越来越亮，也终将会照亮你身边的世界，并让别人看到你。所以，请停止抱怨与指责，去成为那个发光的人吧！你要相信，将来的你一定会感谢现在拼命努力的自己。

第四章

我们可以老去，但必须优雅地老去

女性不管处于何种境遇，都拥有绝处逢生的力量。

01

打好"人脉"这张牌，幸福一辈子

人生好比一场漫长的修行，我们总会通过各种方式来提升自己的境界。有些人领悟力高、执行力强，很容易便成为顶端的被仰慕者；有些人终其一生也只能在原地踏步。对于女人来说，一生一定要打好一张牌——人脉，如此才能幸福一辈子。

虽然出身和运气是无法选择的，但是一个人的才华和学识是可以通过努力获得的东西。如果你通过努力成为优秀的人，那么就会有其他优秀的人愿为你提供帮助。如果你不够优秀，那你的人脉也是没有多大价值的。这种像市场交易的"等价原则"，听起来残酷，却是人脉的本质所在。

在社会交往中，很多人或多或少都会有一种恐惧心理，正如法国作家莫洛亚说的："漂亮的人怀疑自己的智慧，聪明的人又怀疑自己的魅力。"事实上，任何人都不是完美的，如果你总是怀疑自己的魅力而不敢展现自己，就如同默默无闻的小草，永远也无法让别人关注到你。自我怀疑以及由此带来的胆怯是我们自己给自己设下的枷锁。我们只有摆脱这个枷锁，才能走出困局。

就像商品做了广告会更畅销一样，女性只有积极地表现自己，才能吸引别人的关注，才能为自己创造更多的机会。在需要展示自己的时候，你选择一味低调，其实是一种怯懦的表现。世界这个舞台是属于所有人的，你勇敢地表达自己，其实就是给自己一次机会，一次走向成功的机会，一次发现自我的机会，一次绽放生命的机会。

M小姐是个不擅交际的年轻女孩，但是她有自己的优点——唱歌很好听。虽然她的社交活动不多，但一旦参加社交活动，朋友们就会盛情地请她高歌一曲。每每唱毕，朋友们都会报以热烈的掌声。

之后在类似的交际场合，她虽然不会刻意与人亲近，但却总是积极地为大家演唱。这样，别人反而主动与她相交，对她赞赏不已。一来二去，M小姐成了社交场合中必不可少的人物，要是缺了她，气氛就没那么热烈了。这也给了她极大的信心和勇气。

任何人都不是完美的，如果你总是不敢展现自己，那别人永远无法注意到你。女性应当像美丽娇艳的花朵一样绽放，发出自己夺目的光彩。

当然，在你还没有足够强大、足够优秀时，先别花太多宝贵的时间去社交，不妨多花点儿时间读书，提高专业技能。当你放弃那些无用的社交，默默提升自己时，你的世界才会更大。任何时候都要记得，人脉不在别人的身上，而藏在自己身上。唯有让自己变得强大，你才能获得有用的人脉。可以说，有实力才能吸引人脉。

02
比生活更重要的，是生活方式

　　对于优雅的女人来说，她不是被动地享受生活，而是主动地参与生活的创造。遇到节日一定会好好地庆祝，即便一个人也会好好地吃饭、品茶。就算是再平常的小事，也会带着仪式感去做。的确，生活是需要一些仪式感的，这跟矫情无关，它体现着你对生活的热爱、对幸福的敏感。我们对生活的热爱与付出，值得我们这样庄重地对待自己。

　　很多人都非常喜欢《小王子》这本书，里面有这样一段有趣的情节：

　　第二天，小王子又去看望狐狸。

"你每天最好在相同的时间来。"狐狸说，"比如说，你下午四点钟来，那么从三点钟起，我就开始感到幸福。时间越临近，我就越感到幸福。到了四点钟的时候，我就会坐立不安；我就会发现幸福的代价。但是，如果你来的时间定不下来的话，我就不知道在什么时候做好心理准备……应当有一定的仪式。"

"仪式是什么？"小王子问道。

"这也是经常被遗忘的事情。"狐狸说，"所谓仪式，就是使某一天与其他日子不同，使某一时刻与其他时刻不同。"

大多时候，你是不是觉得自己的生活平淡无奇又匆匆忙忙，仪式感早就被你抛诸脑后？一个人的时候，房间里到处是随意乱丢的衣物；周末宁愿宅在家里看电视剧，也不愿出去沐浴一下阳光；结婚几年后，连约会纪念日、结婚纪念日这些曾经非常珍视的日子，都渐渐忘却了；有了小孩，下班回到家，拖着疲惫的身体从冰箱里随便翻出些食物，凑合着做一顿晚饭……你的生活过得就像一潭死水，而你还在不停地抱怨它的无聊、无趣。

仪式感就是用庄重认真的态度去对待生活里看似无趣的事情。不管别人如何，认认真真地把事情做好，才能真正发现生活的乐趣。仪式感可以让生活成为生活，而不是简单的生存。

结过婚的女生肯定都有这种体会：在办婚礼前，要张罗好多事情，仅仅是婚纱的挑选就涉及面料的好坏、腰线的差别、样式的设计，然后还得反复试穿、调整。这还没完，还有请柬的设计、婚宴的试吃、蛋糕、乐队、摆花等，这些事情都需要你一一操心，简直是一项浩大的工程。

然而，在婚礼当天，当你伴随着美妙的音乐款款走进婚礼场地，由父亲托付给丈夫，与丈夫一起宣誓、交换戒指时，你是不是会觉得之前为婚礼做的准备都是值得的？

很多时候，人们需要仪式感来表达内心的情感。当你身着婚纱，许下誓言，交换戒指，切下幸福的蛋糕时，你比任何时候都清楚，在盛大的仪式过后，你的人生将与过往截然不同，这一刻是与过去的认真告别，也是许自己一个充满希冀的开始。但是，如果你选择了心不在焉地生活，生命中一些特别的瞬间就这样被错过了，不能享受当下，又怎么会有美好的回忆呢？

诚然，每个人的生活都难免会有喧嚣、杂乱、无序，那么，何不放慢脚步，稍事休息，花点儿心思在生活中增加一点儿仪式感呢？这就如同在咖啡里加了一点儿糖，会令你回味无穷。

在奥黛丽·赫本的经典影片《蒂凡尼的早餐》里，霍莉（奥黛丽·赫本饰）会穿着黑色小礼服，戴着假珠宝，在蒂凡尼精美的橱窗前，慢慢地将早餐吃完。这时再普通不过的可颂面包与热咖啡，也变成了一桌美味的盛宴。而这诗意的仪式感，无疑让苍白的生活光华熠熠，映照着霍莉心中美好的向往。

尽管我们都知道第二天早上醒来一切还是原样，上班高峰的地铁还是会拥挤不堪，早点摊的味道还是那样一成不变，孩子还是会又哭又闹地不愿意起床，工作还是会摞成一堆，但是我们仍然需要一个仪式，去感受生活中那些不易被发掘的乐趣。

在约会纪念日、结婚纪念日吃一顿浪漫的烛光晚餐，若是来不及买礼物，送一个深深的吻也会让对方久久难忘；在彼此的生日，亲手做一个蛋糕，就算再丑也会令对方感动；两个人的晚餐，哪怕再普通，也可以铺上餐巾，用精致的餐具……生活本身就摆在那里，它呈现出什么样，完全取决于你自己的心态。

从现在起，即便只有两个人，也要在餐桌上用餐，说说各自一天的见闻与心情，交流不就是这样子的吗？就算普通的朋友聚会，也要扮靓出席，也许你的一个小改变就能让生活变得摇曳生姿；一个人也要好好享受周末暖阳里的下午茶，把家里打扫得干干净净……就像王小波说的："一个人只拥有此生此世是不够的，他还应该拥有诗意的世界。"让仪式感把生活里的灰头土脸、忙忙碌碌全都抹去吧，总有一天，它会让你的生活变得活色生香。

03
请读书，用才华撑起你的梦想

有人说："世界有十分美丽，如果没有女人，将失掉七分色彩；女人有十分美丽，但远离书籍，将失掉七分魅力。"书是女人魅力之路的永久的伙伴，读书让女人不再畏惧年龄。

在当今社会，知书达理、个性温和的女子不管走到哪里，都是一道美丽的风景线。这样的女人可能貌不惊人，但却有着一种内在的气质。在她们身上，你会看到无须修饰的清丽仪态、优雅脱俗的谈吐，而这一切皆源于多读书。

许多时候，女人读书多了，气质就会发生改变。你可能以为很多看过的书都成了过眼云烟，其实它们的影响是潜移默化的。在气质上，在谈吐上，在胸襟上，当然也可能显露在生活和文字里。拥有书卷气的女人，知书达理、聪慧睿智，言谈举止间散发着一股淡淡的清香雅韵，这样的女人美得别致而细腻。

在我们身边，总有这样一些女人，她们喜欢买书、读书，甚至写书，书可以说是她们经久耐用的"化妆品"。即便她们素面朝天，走在浓妆艳抹的女人中间，依然格外引人注目。因为她们懂得，衣物和装饰品不过是点缀，而书籍才是最好的饰品，能够给她们率真的自然之美、厚重的典雅之味。

读书注重的是内在，而化妆注重的却是外表，虽说目的一致，都是为了追求美的享受，但本质上却有天壤之别。只注重外表美的女人，不过是想靠外在美来获得人们的认同，而她们却忽略了内在美的积淀。读书才是美的最高享受，读书才让她们显得与众不同。

然而，如今已经没有多少女人能静下心来读书了。杨澜曾经这样忠告年轻的女孩："当你们到了二十几岁，就已经开始慢慢地接触社会了，在与别人交往的过程中，谈吐与修养是最能征服别人的。"现在的女孩生来就有几分美丽姿色，但如果不读书，将失掉七分内涵。

而爱读书的女人，心中自有一盏明灯，守得住心灵这个宁静的港湾，远离红尘的烦琐与喧嚣。她们心有梦想，即使平凡，也能把自己引向有蓝天白云、繁星明月的地方。真正的阅读，是忘掉身边的世界。它让人独处而不孤寂，让人跟另一个自己对话。生活总让人感到疲惫，请给自己一点儿"关机时间"，读书静坐，将灵魂放出来，清洗整理好后，再重新放回身体。

读书是心灵的打扮、心灵的美容。爱读书的女人美得别致。她不是鲜花，不是美酒，她只是一杯散发着幽幽香气的淡淡清茶。即使不施脂粉，也显得神采奕奕、风姿绰约。

04

会理财的女人，富足一辈子

二十岁的你，也许正在憧憬着属于自己的甜蜜小窝；三十岁的你，也许正经营着自己蒸蒸日上的事业；四十岁的你，也许已经从容淡定、宠辱不惊。但是，无论身在何时，我们都逃避不了一个现实，那就是随时随地要花钱。想做一个独立自主的现代女性，美女、才女还不够，你还得是一个"财女"——高财商的女性。你不仅要懂得赚钱，还要懂得投资理财，为自己规划一个美好的未来。

可是，有很多女性对自己缺乏信心，对数字分析没兴趣，不相信自己的能力，态度保守，甚至对理财心存恐惧。其实，身为现代女性，只要你肯多花一些心思，建立理财信心，就能在理财领域大展身手。

俗话说得好："只有经济独立，才能人格独立。"女性的独立要靠独立的财务来支撑。女人只有掌握了投资理财的奥秘，获得了财务自由，才能真正活出自己的美丽。据一项调查报告显示：在大部分的家庭里，都是女性掌握家庭的财政大权。所以，女人的战场不只是在厨房、办公室，还在你的私人银行。有财力的女人才能活出自己的美丽和优雅。

那么，如何做智慧女性，实现从"主妇"到"主富"的蜕变呢？

首先，你要定期了解和盘点自己的财务状况，对财富的现状、构成、损益等做到一清二楚。比如，在每年的年初或者年末，算算自己一共收入多少，支出多少，在投资的金额有多少，有助于新一年的财务规划。而在一些有较大风险的投资上，定期了解投资状况，可以帮你做出投资方向的调整，避免损失。

女人最喜欢的就是"买买买"。对于女性来说，冲动型消费比较普遍，因此需要抑制一些大额的冲动型消费，比如冲动购买奢侈品或昂贵的服饰、化妆品等，要学会控制情绪。

当然，如果你的理财观念还仅仅局限在购物时的砍价，希望靠"省钱"来"赚钱"的话，那就大错特错了。投资才是更理想的财富增值方式。看看那些高财商的女性，她们无不对投资市场、投资工具有非常透彻的了解。所以，你可以把眼界放宽一些，选择其中比较适合的进行投资。资金充足的，还可以考虑全球化的资源配置，从更多的途径去赚钱。

除此之外，你还要记住，你的资产除了流动资产，还包括固定资产，比如你的房子、车子等。你可以盘活这笔财富，比如出租获取租金收益、做抵押投资等。许多时候，盘活这些固定资产很可能会给你带来意想不到的高收益。另外，俗话说得好："尽量避免把鸡蛋放在同一个篮子里。"所以你要避免局限于单一的投资渠道，而应尽量进行多元化的投资。

　　无论什么时候都要记住，女人最大的安全感不是来自男人和他的钱包，而是来自我们自己的工作能力和理财能力。通过提升自己的能力获得经济和精神上的独立，才是女人最可靠的生存方式。

05

世界那么大，何不去看看

很多女人都有一个梦想：一个人背上大大的背包，去漫游世界。的确，如果生活的要义在于追求幸福，那么，除却旅行，很少有别的行为能呈现这一追求过程中的热情。旅行能让你感受到辛苦谋生之外的生活的意义。

在现代社会，女人扮演着多种角色——女儿、妻子、母亲、上司、下属，既要照顾家庭，又要勤恳工作。但是女人也需要在家庭、工作、自我中找到一个平衡点。当你选择了旅行，再回来时，你会惊喜地发现，你的世界从此变得宽阔起来。对于女人而言，如果你去过很多地方，见过很多的人和风景，那么，装进你心中的美好就会有很多，你的内心也会变得越来越强大。

或许，你决定告别一段痛苦的感情，于是整理心情，踏上旅途，期待在旅行中获得新生。你在旅途中遇见的人和事给了你无私的爱与关怀，让你又坚信爱与信任始终存在。

　　或许，你有一颗积极进取的心，对世界充满好奇。你去韩国学美容，去泰国学古法按摩，去印度学瑜伽，去法国学烹饪……在不断的旅行中，你的心日渐丰盈起来，足以装下整个世界。

　　虽然走再远的路，最终还是要回来，但会带来改变：一样的工作，不一样的态度；一样的家庭，不一样的情趣；一样的孩子，不一样的态度。虽然旅行并不能改变人生，但是旅行让我们知道人生实际上有不同的活法，我们也不会变成只会赚钱的机器，不会认为只有某种生活方式才是最好的，不会只听从于一个声音，不会只做别人告诉我们应该做的事。

　　也许很多人会觉得，对于单身女性来说，没有家庭拖累，当然可以自由潇洒、无牵无挂地到处跑，而有家庭要照顾的女人哪有时间走得开？其实，在人生的每个阶段，都有走不开的理由。你今天被孩子、老人束缚了，明天也会被孙子、重孙绑住双脚。也许你无法发觉，很多时候是你自己不肯暂时放手。

　　Y姑娘每年都会"抛"下老公、孩子，独自远行。她说，在婚姻里待久了，需要换个地方，独处几天，再回到生活中来，这样就不会有怨气。何况，离开几天，丝毫不会影响家庭生活。

这样的姑娘看似有些任性，其实是充满生活智慧的。她们见识广阔、谈吐有趣，没有整天围着老公、孩子问："今天要吃红烧肉还是清蒸鱼？"但她们同样赢得家人的爱和尊重。

　　可以说，旅行是女人自我成长的一部分。在旅途中，女人会用女性特有的细腻心思感知所遇见的一切。一个女人见得多了，自然会心胸豁达，不会在精神世界里迷失方向。当女人再次回到起点时，会比以前更懂得生活的美好。

　　旅行，是满足私人精神需求的一件事，但并不是说人人都必须去旅游，也不应将旅游拿出来与他人攀比。那些真正热爱旅游的女人，都是非常自律、理智、有主见的人。在不旅行的时候，她们认真工作，坚持运动。因为工作才能保证其有充足的经济实力去远行；而运动可以锻炼出强壮的体魄，从而去体验潜水、跳伞、骑行等精彩的事。她们中没有谁不务正业，连生存都不能自给自足，也没有谁视金钱如粪土，挥霍无度。这样的女子真是想不精彩都难。

　　趁年轻，趁还有梦想，想去的地方，现在就去吧；想做的事情，现在就去做吧！

06

爱自己，会让你变得更美

女人只有精心地爱自己，才会不怕岁月这把无情的雕刻刀，才会获得更多的幸福。无论是端庄矜持、性情率真，还是开朗活泼，任何一种性格在涉过青春的懵懂羞涩，跨过少女的光华艳丽之后，都能散发出浓郁而深情、诱人而温暖的芳香。

我们身边总是不乏一些埋怨家庭不幸福、丈夫不贴心的女性。可是，在她们怨声载道时，不知是否反思过：她们为生活做过努力吗？她们懂得爱自己吗？试想：如果连你自己都不爱自己，别人又怎么会爱你呢？

大家不妨问问自己："我爱自己吗？"当我们坐飞机的时候，空乘人员总是这样告诉我们："先把你自己的氧气罩戴好，再给孩子戴。"

这话听起来很自私，却包含着深刻的道理：如果你自己失去知觉或挣扎着找氧气，又怎么能去帮助别人呢？

爱就像氧气罩一样。女人如果不能先爱自己，就不能完全地去爱别人，因为她没有能力去爱别人。如果你是一个爱自己的人，也就具备了去爱别人的能力，就会像爱自己一样爱得深刻。

现代社会，女人承担了更多责任，更要学会爱自己。只有爱自己，才能去爱别人。只有让自己有健康的身体，才能去关心别人；只有让自己有休闲的时间，才有能力去爱别人。不然，即使有爱，也不会长久。

假如在你面前有半杯水，你可以选择抱怨："唉，只有半杯水了！"也可以选择乐观地说："还好，还有半杯水。"半杯水的事实是不可改变的，但是我们可以选择用什么态度去面对它，这就是感受幸福的能力。当你学会了以积极的态度去面对生活，感受幸福的能力就会得到提升，在你身上自然会散发出一种独特的魅力。

女人，请不要再等别人来斟满你的杯子，也不要一味地无私奉献，如果你能先将自己面前的杯子斟满，心满意足地感到幸福快乐，自然就能将快乐分享给周围的人。

很多女人自从有了宝宝，就变得蓬头垢面、不修边幅，整天想着宝宝的事情：今天吃得好不好？睡得好不好？拉了几次？尿了几次？是冷了还是热了？诸如此类的问题常常让其忽视对周围新鲜事物的关注。她们不再刻意抽出时间去打扮自己，也不愿意衣着光鲜地去听音乐、看话剧，甚至提不起兴趣去谈论这些东西。

其实，你保持优雅、整洁胜过给宝宝上的美育课，从容、自信的你正是宝宝最好的老师，你的一颦一笑、一举一动都关乎整个家庭的幸福。自爱才是爱的根本，没人能没烦恼，关键在于你是怎么看待这一切的。

作家毕淑敏说过："我觉得无数的女人，在慷慨大度地向人间倾泻爱的时候，她们太不爱一个人了——那就是她们自己。女人们，给自己留一点儿享受的时间和空间吧。不要一拖再拖，不要一等再等。"

女人爱自己，就要好好照顾自己；爱自己，就让自己优雅地成熟；爱自己，就要精心地保养自己，用心地经营自己的美丽；爱自己，就要不断地修炼自己的社交礼仪。

女性朋友们，从现在开始，请对自己好一点儿，爱自己多一点儿。不要把家中所有的钱都用来装扮房间和丈夫；不要把所有的精力都投入工作；不要在节日送礼物的名单上，独独遗忘了自己的名字；体谅别人的心情，满足别人的需要，可也绝不再过分地委屈自己……当你杯子里的幸福满了时，你会发现周围和你一起分享快乐幸福的人就更多了。

每天花一点儿时间经营健康

苏联诗人马雅可夫斯基说过:"世上没有比结实的肌肉和新鲜的皮肤更美丽的衣裳。"

不知道大家有没有细心留意过身边的人,那些能长期坚持运动的女人比没有运动的女人的衰老速度要慢,而且她们的精力也更充沛。的确,现代城市快节奏的生活与工作,一直不停地催促着人们,让很多人的身心都吃不消。而运动好比一股温暖的春风拂过,可以让我们的身心变得非常轻松和舒畅。而且越来越多的科学研究显示,身体的运动可以改变大脑的活动,给人带来幸福的感受。

在法国电影《如果它是他》中,女演员卡洛尔·布盖扮演一个似乎拥有一切的现代法国女性。她和年幼的儿子住在巴黎一栋漂亮的公寓里，她有专一的男友，有辉煌的事业。不仅如此，每一天她都会爬楼梯回公寓，她可不仅仅为了步行，而是轻松地享受，她还会在最后几步重复几遍上下楼梯的动作，因为她觉得这样会让她的臀部看起来更加紧实。

看到这一场景，想必你一定会觉得非常有趣。其实，你也可以积极地挑战自己，并且坚持下去。最棒的是，这样的日常锻炼不需要花钱，简单易行，还能让人振奋起来。

开始运动之前，你有必要对自己的身体状况做一个全面的了解。你可以这样做：脱下衣服，站在镜子前，看看身体哪个部位看上去不够理想，或是越来越糟，然后通过运动去改善那个部位。

如果你感到肩膀、背部或脖子疼痛、僵硬，不妨做做放松肩部、颈部、腰背部的运动。随着练习次数的增多，你会感觉到身体肌肉得到放松，整个人的精神状态也好多了。

如果你正在尽自己最大的努力来减轻体重，那就不妨尝试一下步行、慢跑、骑自行车等运动。或许你还会惊讶地发现，在消耗卡路里时，你的身体变得更加柔韧，你变得更加优雅、自信、有气质。

的确，适当有效的运动基本上可以保证女人拥有更好的体态。美国宾夕法尼亚州大学进行了一项研究：随机选择一些女性，在经过四个月的步行运动或瑜伽练习后，虽然她们的体重变化不大，但她们却感到自己比以前更加性感、更有吸引力了，内在气质得到了很好的修炼。

如果你事先计划好的运动做不成了，那就做些别的，可以是走路、爬楼梯，也可以是骑车、做瑜伽。当你把所有的身体运动都看作锻炼时，不管强度大小和锻炼时间长短，你都会惊喜地发现，哪怕只是一点点运动，都可以提高能量和改善心情。

也许有些女性会有这样的想法："我总觉得抽出与家人相伴的时间来运动，是件很自私的事情。把我的需要放在家人、工作之前，让我感到内疚。"其实，关爱你自己是至关重要的，这并不自私。腾出时间来培育你自己的幸福感和自我关爱，实际上能让你充满能量和热情，从而能更好地照顾家人、专注于事业。为此，你一定要相信你的自我关爱是首要的事。哪怕只是抽出一天，你也能发现运动带给你的喜悦。

从现在起，你不妨在你的日程表上加一项新的自我关爱活动，比如慢跑、做瑜伽、跳舞。当你适应以后，再选一项新的加上。总有一天，你会发现这些运动可以支持你更好地完成你的目标。

第五章

破茧成蝶，丑小鸭
也能高贵地优雅

强有力的女性能改变世界。

01
穿 得 对 比 穿 什 么 更 重 要

　　当我们被介绍给一位陌生人的时候，做的第一件事往往是打量一番对方。在和对方打招呼之前，我们的第一印象已经形成了。而优雅女人对此更是表现得非常自信。这就很好地解释了"穿什么"非常重要的原因。

　　很多时候，根据场合去着装的一个非常重要的原因就是，你在向外界发出信息，让他们了解你是一个得体的人，人很聪明，反应也很灵敏。的确，女人的优雅不只属于那些身材标准的模特，也不只属于那些天生丽质的明星，变得优雅是有方法的。在穿衣这件事上，概括起来不外乎两个字，那就是"得体"。

　　在这个世界上，每位女性都是美的，上帝为你关上一扇门的时候，还会为你打开一扇窗。每个人都有自己的亮点，当你突出亮点，就会变得很美。就是说，"适合"可以让每位女性都变得很美。就算你是一个身材标准的模特，款式若不合适，也会让你变得黯然失色。

然而，很多职业白领却常常有这样的困惑：我是一位女性，我需要美丽；但我也是一位职业女性，我需要权威。于是，她们不得不在权威和美丽之间做出抉择。

对于女性朋友而言，"穿什么"有三个要素不得不考虑：一是适合的色彩，它可以让你显得面色红润；二是适合的款式，它可以让你体形完美；三是适合的风格，它可以让你美丽得体。

说起色彩，想必很多女性朋友会说自己也不清楚穿什么颜色好看。这里介绍一个简单易行的方法，能够帮你知道自己穿什么颜色好看。你只需要准备两种颜色的衣服，一件是粉红色的，一件是橙色的。然后，分别穿着它们在镜子面前比较一下。如果你穿粉红色的衣服好看，那你就比较适合冷色；如果你穿橙色的衣服好看，那你就比较适合暖色。

款式就是服装设计的各个细节，可以简单地理解为点和线。贴切地说，就是一个人的形象要有亮点。说到这里，就不得不提一个词，那就是"黄金比例"。我们可以通过穿衣技巧来打造黄金比例。比如，衣长和裤子的比例最好是2∶3，这样会让人显得很高。如果衣长和裤装同等长度就不好看了，会让人感觉有点儿邋遢。

爱美的女性朋友无不喜欢颀长的颈项，所以，颈项较短的女性朋友如果想要颈项显得颀长，就要避免穿高领的套头衫、中式立领的衣服。另外，最好佩戴挂坠项链，而不是戴环形的、贴近脖子的项链。

对于风格，某著名服装设计师曾说过：流行很短暂，只有风格才是永存的，这就是风格的魅力。很多时候，我们会发现风格可以让我们留住青春，留住美。这种美来自一种风格，是内在气质的外在表现。你的风格可以是简单的典雅风格、崇尚自然的风格，也可以是浪漫的风格或具有艺术家气质的风格。

对优雅的女人来说，穿衣关乎场合、对象、季节、心情、发型、肤色、个性、香水，总之关乎各方面。衣装是让一个人和周围世界融洽相处的媒介，所以衣服必须得穿对，而会穿衣服的女人到哪里都受欢迎。

02

了解自己的身材，让优点成为身上的光

你喜欢自己现在的形象吗？你觉得自己太矮、太胖、太瘦吗？你知道自己身上吸引人的地方是哪儿吗？

其实，女人想要穿得优雅漂亮，不是光会选衣服就可以了，了解自己的身材也是很重要的。

很多女人在漂亮的衣服面前，往往会忽略自己的身材，结果也就可想而知了。

大家不妨问问自己以下几个关于身材的问题：

（1）你知道自己的准确的身高吗？

（2）你了解自己的上半身和下半身的比例吗？

（3）你清楚自己的三围吗？

（4）你清楚自己的体重吗？

（5）你了解自己的体形吗？

如果你的回答是肯定的，那么恭喜你，你是一个爱自己的女人，你对自己是负责任的。很显然，你已经在提升气质的路上迈出了很大的一步。

女人在穿着上对自己的身材比例做到心中有数，自然能扬长避短，穿出自己的个性。如可可·香奈儿所说："时装是建筑学，它跟比例有关。"

那些自认为身材矮小的女人，其实完全可以利用衣服来掩盖这个不足。

穿双高跟鞋、梳个高耸的发型可以在一定程度上弥补缺陷，但最稳妥的做法是穿简单、大方的直线条服装，它们会让你看起来"长高"了。很多直筒长裤、线条垂直的百褶裙会让娇小的女人显得更自然。如果你身材娇小，但对颜色繁杂、长及脚踝的裙子或宽大的蝙蝠衫、喇叭裤、紧身裤情有独钟，为了整体形象，最好还是忍痛割爱吧。

相比娇小的女生，也许很多人会认为高个子的女人的衣橱似乎可以有更多的选择，但仍然要注意，那些让你看起来更高的衣服极有可能给你的形象减分，比如紧身衣、冷色调的紧身裤等。反倒是超过膝盖的裙子、富有创意的长袜以及宽松的大衣，可以让你尽显魅力。而且高个子女人在选衣服的时候，应该尽量选择那些面料是棉或者麻的有垂坠感的衣服。

还有一些女人，觉得自己身材偏胖，不知道自己该穿什么样的衣服。其实，即使你真的有点儿胖，也不必自卑，恰当的服饰搭配仍然可以让你"瞬间瘦身"。面料轻盈而柔软的衣服可以说是你的救星。当然，你也可以在肩上搭一条围巾或者披肩。但是切记不要在腰上系腰带，宽的腰带也不行。另外，最好不要冒着风险去尝试那些紧身的或特别宽大的以及布满褶子的衣服，因为这些衣服只会放大你的缺点，掩盖你的美丽。

如果你体形偏瘦，虽然看上去轻盈利落，但有时会有撑不起衣服的困扰。对此，你要尽量选择宽松款式的衣服，这样可以掩饰偏瘦的身材，而不要穿紧身的衣服。搭配上要以多层次为原则。比如：衬衫外面加一件马甲背心，天冷时再穿一件外套，脖子上可围条丝巾或围巾以增加层次感；下身可选择带松紧带设计的裤装或者蓬松的裙装，这也可以增加层次感。

03
穿对色彩，让内心走向年轻

　　不知你是否遇到过这样让人尴尬的事情：穿着当下流行的衣服，化着时尚的妆容，得到的评价却是"气色不好"或者"妆化得太浓"等。其实，这并不是说你不懂潮流，而是色彩惹的祸。

　　一位女白领描述自己的经历："做色彩分析之前，我从来没有尝试过，甚至没想过粉色会适合我。逛商场时，有些颜色的衣服我是从来不会考虑的，但分析结果完全颠覆了我过去对色彩的认识。如果没做过分析，我可能一辈子都在乱穿衣。"的确，每个女人都应该找到适合自己的颜色，这是非常重要的。女人要想让自己更有气质，就要当好自己的色彩顾问，清楚自己的发色、肤色和眼睛的颜色。

　　每个女人都有一种自己最喜欢的颜色，在通常情况下，女人偏爱的颜色和自己的气质、肤色也是相协调的。如果你从自己喜欢的颜色向类似的颜色延伸，那么就能形成一个和你的气质、肤色等相协调的色彩体系。这时，你所喜欢的色彩也会让你的穿着打扮看起来更有气质。

很多女人喜欢黑色，从上衣到鞋子，甚至连袜子都是黑色的。虽然黑色是一种永不过时的颜色，但也不是每个女人都可以驾驭得了。如果你的脸色不太好，那衣服的颜色和眼影的颜色最好避免黑色。最好加入一点儿灰色，这样既有了亮度，也不会太扎眼，整体效果也会得到提升。

如果你的肤色偏向于黄色，就可以选用黑色、蓝色系的衣服来提亮肤色。而和肤色同色系的棕色、裸色或者和肤色对比比较明显的深紫色、红色、绿色等颜色，则要避而远之，因为这些颜色会让人看上去很疲惫、不精神。所以，即使这些颜色是你钟爱的，也要舍弃。

选择适合自己肤色的衣服很重要，但穿出自己的个性同样不可忽视。否则，难免会让你显得死板无趣。

这个世界从来不缺少色彩，缺少的只是对色彩的认知和运用。服装色彩的选择是十分讲究的，很多时候，你选的颜色正是你无声的语言，不同的颜色表达了你不同的状态。所以，用色彩来调整自身状态，不也是一种展现自我的方式吗？

04
不靠体形靠配饰，点亮你最好的一面

也许你觉得注重外表打扮很肤浅，其实不然。对大多数初次见面的人来说，你穿戴什么往往会影响他们对你的第一印象。

不管是什么年龄段的女人，都应该拥有一款属于自己的配饰，不一定要很昂贵，但它要提升你的魅力，让你变得与众不同。

如果你留心电影或电视剧，会发现很难找到一个不戴耳环的女性。耳环可以让你的着装锦上添花，能给人留下穿着得体的印象。有时候，甚至只是一对耳环，就足以让一件普通的衬衫变得非同一般。

不同于耳环，项链能够给着装带来活力。同一件衣服，配上不同的项链，往往会形成不同的风格。而且就算是同一条项链，也可以有不同的戴法，比如绕一圈、绕两圈，或是和别的项链搭配起来。

而一枚美丽的胸针，其价值就更明显了。你可以在不同场合用它，无论是在职场中，还是在浪漫的晚宴上，胸针都是很好的选择。你也可以尝试把胸针别在翻领毛衣的领口、袖口或裤子口袋上。总之，胸针比你想象中更能制造亮点，让你变得更有韵味。

　　都说"闻香识女人"，其实从一件配饰往往也可以看出一个女人的气质。有情调的女人从来不会为了取悦别人而打扮自己，她们有属于自己的骄傲与美丽。而且她们也都非常清楚，衣服和配饰都是用来修饰自己的，所以对于如何搭配才能扬长避短，体现自己的气质，她们更是了如指掌。

　　总之，配饰用得好，不仅可以彰显你的个性，还能展示你的品位和风格。所以爱美的你，请于千万红尘中与它邂逅吧，不必怀疑，你的身后将是风采独秀的人生。

大牌加身不一定是时尚

为了展现自身的魅力，有的女人往往不惜花费重金去购买名牌服饰，但是那些昂贵的衣服穿在身上却并不一定漂亮。法国大文豪巴尔扎克在《风俗研究》中说过："服饰表现的就是人本身，他的政治信仰，他的生活方式。"也就是说，衣服是用来表现个人特质的。女人永远不应该是服装的奴隶。时尚永远是服务于个人的。

董小姐家境比较殷实，再加上年轻貌美，所以总是走在时尚的前沿。然而，她对奢侈品的追求却到了痴迷的程度。

有一次，董小姐和女友一起去做按摩。一进按摩室，她就拒绝穿那里提供的衣服，而是从包里拿出来一件名牌的睡衣，等穿上之后，她才心满意足地去做按摩。但是按摩师还没怎么按，她就大声尖叫起来，一会儿说按摩师把她弄疼了，一会儿又说按摩师把她的衣服弄皱了。最后按摩草草了事，按摩师无奈地出去了。

晚饭时，女友问董小姐："你这样活得累不累？"董小姐坦诚地说："确实很累，但又没办法。因为衣服确实很贵，我必须小心保护，要不然会闹心，睡不好觉。"正说着，董小姐又冲走过来的服务员大叫，说离她远点儿，别把汤洒在她身上。一顿饭吃得让人心惊胆战。

饭后，她们来到室外停车场，外面突然下起了雨，服务员连忙帮董小姐撑起伞。但董小姐宁肯自己淋雨，也不愿让新买的限量包淋湿。一路上，她就这样烦躁不安着。

女友实在受不了她了，就跟她说："奢侈品不是这样用的。一个美丽的女人拥有它们时是无负担的。穿漂亮的衣服为的是取悦自己，让自己自信的，但现在你却被这些奢侈品束缚。这样，你的生活真的快乐吗？"

爱美是女人的天性，每个女人都希望自己比别人漂亮、优雅。虽然现在女性服装的款式琳琅满目，但是要穿出美，穿出个人独特的风格，却并不是一件易事。

虽说很多女人有能力拥有一些奢侈品，但是有些人非但没有让自己变得优雅、端庄，反而让自己变成了一个吹毛求疵的人。其实，一个女人不是穿着一身昂贵的衣服，就能让自己的气质得到提升，别人也不会因为你所拥有的财富而羡慕你，只会敬而远之。

真正的美丽应该是由内而外的一种气质。如果有良好的审美品位，并且对穿衣搭配有一定研究的话，就更完美了。一件昂贵的大衣，有的女人可以穿得高贵典雅，而有的女人却会穿得俗不可耐。同样，一件廉价的衬衫也能被独具匠心的女人穿出独特的风格。

至于穿衣，得体就好，适合自己的气质就好。如果一个女性不管在什么场合穿衣都显得过于夸张、轻佻，这样的衣服再贵，也谈不上时尚。因为时尚不是用金钱简单堆砌成的，而是个人对美的深层次追求。时尚永远都是服务于个人的，而不是我们拼命地去追赶时尚。

无论是穿衣还是搭配，只要自己喜欢就好，只要适合自己的风格就好。如果你想让自己在人群中与众不同，何不想想如何丰富一下自己的内心呢？与其花时间购物，倒不如认真学学审美和搭配。当你的美感一点点地培养出来时，就算不是昂贵的服装，你也能搭配出更有品位的风格，让别人在惊讶于你的审美品位的同时，你也能好好守住自己的钱包。这才是一个优雅女人应该具有的时尚态度。

06

时装可以花钱买，但风格的形成只能靠自己

不少女人苦苦追逐着潮流风尚，却不知到底该听谁的意见，毕竟潮流转瞬即逝。哪些衣服才真正适合自己，能够体现自己的品位呢？

你有没有过这样的经历：当你走在人群中时，你的视线会突然被一位与你擦肩而过的女子吸引，她是那么与众不同，你甚至想走上前去问问她："你的裙子、衬衫、手袋等是在哪里买的？"

可以说，这样的女子是真正有个性的。在生活中，人人都可以很时髦，你只要随大流，看当下流行什么，买什么就行了。不过，风格却是个性化的。

其实，风格是一种由内而外散发出来的气质。你向世界呈现了什

么样的形象，这一点非常重要。你每穿一件衣服，都是在展示你的某些个性、你的某种身份认同。你用你的着装风格告诉世界你是谁。

看看那些具有独特着装风格的女人，在她们身上，散发出了一种惹人迷恋的神秘气质。事实上，独具风格的女人从不追随领袖，从不墨守成规。

或许当你看到别人身上穿着特别的衣服、戴着特别的配饰时，心里会纳闷："这些东西她是从哪儿弄来的？"其实，想要形成自己的风格，是有一定的原则可循的。如果你完全掌握了这些基本原则，而且把它们运用得十分娴熟，那你也可以拥有独特的风格。

（1）懂得取舍。切记只买自己喜欢的衣服和自己穿起来好看的衣服。

（2）要把钱花在基本款上，比如经典款式的风衣、修身的黑色连衣裙……然后，在此基础上，添加其他衣物。

（3）买衣服的眼光一定要独到。即便是小众的衣服，只要喜欢，就果断地把它们买回来吧。

（4）鞋子很重要。女人的衣橱万万不能缺少的就是鞋子。

（5）不要忽视配饰的力量。当然，如何用正确的方式佩戴它，你一定要了如指掌。

（6）避免成为时尚的"牺牲品"。不一定要赶时髦买东西。

（7）有没有品位跟花钱多少没有直接关系。真正会着装的女人即便是戴着从跳蚤市场买来的耳环，也会从容而优雅。

（8）欣然接受不完美。你要知道不是每天都是要拍时装照的重大日子。

　　其实，真正的时尚达人都是驾驭服饰的高手，她们永远不会让自己沦为服饰的奴仆。她们总是能够找到属于自己的着装风格。记住，别做完美而乏味的女人，要做就做有风格的女人。

07
简约而不简单，休闲衣橱更易穿出格调

　　你还在为休闲装的单一松垮、缺乏线条美感而烦恼吗？其实，如果你掌握了设计元素和搭配技巧，照样能让休闲装变得柔和清新起来。

　　一提起休闲装，大家就会想到T恤。现在，大多数流行的T恤都比过去的修身，而且T恤也有很多穿法，比如单独穿，或者穿在休闲夹克或衬衫里面，等等。

　　的确，一直以来，休闲装以其穿着舒适、行动方便的特点，深受年轻人的喜爱。不过，当优雅从容与休闲风相碰撞时，也是一场别具特色的视觉盛宴。穿着休闲又不失优雅的针织衫、西装外套、宽松的裤装，会给人一种舒适的感觉，让人充满自信。

香奈儿品牌的创始人可可·香奈儿曾说："奢侈是舒适的，否则就不是奢侈。"

世界知名奢侈品牌巴宝莉的全球首席创意总监克里斯托弗·贝利说过："巴宝莉的时装秀向来演绎的就是一种能非常轻松地随心披上金贵无比的时装的感觉。我经常描绘的巴宝莉女孩具有一种凌乱而优雅的气质；她非常优美，而同时，她的内心时刻保持着轻松随意。"

其实，我们绝大部分的人的风格不是只有一种的，就像我们的性格一样，会有双重性。我们的风格会以某一种为主，但是同时也有其他几种风格穿插，关键在于我们能否在不同的场合将不同的风格正确地表现出来。这正是我们平时所说的人的不同风采，也是女人呈现的立体而丰盈的魅力元素。

时尚易逝，风格永存。风格不是买最贵的衣服，或者追逐最前沿的潮流，而是做你自己。用新的视角去审视衣服，你也可以以自己独特的风格去惊艳这个世界。

08
仅仅漂亮是不够的，发型让你更出彩

头发对于女人而言，实在是太重要了，它可以说是脸的"镜框"。如果你善于在头发上花点儿小心思，就能改变整个形象。

时尚领袖靳羽西女士多年来一直保持她那经典的"童花头"发型，这一发型甚至还被用于化妆品公司的商标。不过，为了打造这样一个发型，靳羽西女士需要每天通过吹发来保持，虽然这耗费了很多精力，但是它的确是适合她脸型的好发型。

如果你仔细留意一下优雅女人的发型就会发现，她们似乎并不太在乎发型，起码绝对没有像在乎穿着那样在乎。为什么这么说呢？因为通常来说，大多数优雅女人所选择的发型都是比较简单的。不知你是否留意过，在像巴黎这种时尚大都市的街头，很少会看到特别引人注目的发型。

很多优雅的女人会选择留长发，那一头柔顺而富有光泽的秀发的确非常动人。不仅如此，她们的头发往往都自然略有卷曲，这也让她们显得更富有动感。

有时候，优雅的女人也喜欢把头发束起来扎成一个马尾辫，那样会显得更简洁，也更有活力；如果采用了歪斜的束发法，更增添几分慵懒的风情。在一些职业场合，优雅的女人也常常把头发盘起来，在脑后梳成一个发髻，显得温婉又优雅，能为其职场形象大大加分。

当然，短发也是很多优雅的女人钟爱的发型之一。她们钟情于那份简洁与利落，让人显得干净清爽的同时，也非常容易搭配各种衣服和饰品。

可以说，自然且舒适，是优雅的女人对发型的基本要求，但我们又不得不承认，她们的头发总是给人赏心悦目的感觉，虽然好像并没有精心地打理过，却又和谐得让人感到相当舒服。

优雅女人总是细心地保养自己的头发，并且使用最自然、最不损伤发质的方式来打理头发。她们不太喜欢染发和烫发，尽管她们偶尔也会做这方面的尝试，但染发和烫发对发质的损害仍然是她们担心的。

优雅女人是很在乎发型的。尽管有些发型在外人看来是那么自然，仿佛她们并没有刻意地去打理，但那并不代表她们真的会忽视发型。事实上，她们在乎每一个细节，让发型衬托出自己最美好的一面。

09

生活就像走红毯，重要时刻如何光彩照人

法国时装界的泰斗德阿里奥夫人曾经说过："即使再不招摇、再不关心衣着的女人，有时候也会意识到某个社交场合是十分重要的，她必须穿戴得体。"会穿着的女人知道，不同的场合应该穿不同的衣服。人有性别之分，衣服也有场合之分。

在生活中，女人不可避免地要参加一些社交活动，比如同学聚会、婚礼、酒会、联谊会等。在这些不同的场合，衣服的风格也应该是不一样的。穿着职业装去参加晚宴，格格不入不说，还会贻笑大方。因此，女人要懂得什么场合穿什么样的衣服。

无论你是职场新人，还是公司高管，对于晚宴的装扮是绝对不能

忽视的。可是，一说到正式晚宴，人们总会想起低胸晚装和雪纺面料的裙子。其实，除了非常正式的晚宴，我们并非一定要穿晚礼服，稍稍变换一下白天的衣着就能出席晚宴的活动。如美国著名时装设计师迈克·科尔斯所说："每个人都想看起来时髦、迷人，即使装扮得非常华美，也要看起来自然、真实。"

我们总说，每个女人都需要一件优雅经典的小黑裙。现在还需要加上另外一句：每个女人还要学会如何运用配饰搭配这条小黑裙。正如你所知道的那样，小黑裙是最不会出错的着装。虽然经典，却也极易埋没在黑压压的人群中。想要与众不同，就要在配饰上做文章：色彩丰富的长项链与晚装手袋相呼应，轻快而不失品位；漆皮与麂皮相拼的高跟鞋更能丰富层次与质感。

的确，合适的配饰有画龙点睛之效。但过多的配饰，却犹如画蛇添足，只会掩盖自己的自信、气质。所以，在选择饰品时，要尽量求其简单而协调。如果你在白天穿的是职业套装，那到了晚上，就可以自信满满地戴上一副水晶耳环，当然，也可以换上银色的高跟鞋，别上胸针，或者是戴上一条与耳环相配的项链。这些小改变都能立刻提升你的气质。不过，千万不要舍不得去掉多余的配饰，让自己看起来像圣诞树一样，那就未免太滑稽了。

服装大师伊夫·圣·洛朗曾说过："穿衣打扮是生活的一种方式。"而生活方式体现的是一个人的气质。所以，从现在开始，为不同的场合挑选合适的衣服吧，优雅气质离你将不再遥远。

第六章

等着别人来爱你，不如自己努力爱自己

「做自己」这个答案听上去似乎有些矫情，实际上它一点儿也不矫情。

01

除了爱情，你要找到使你站立在大地上的东西

在高高的山巅上，一个面容憔悴、泪眼婆娑的女人迎风而立。一件令她非常痛苦的事情发生了，她准备跳下万丈深渊，以此来了结她内心的痛楚。

"跳吧，愿你来生自得其乐！"一道苍老的声音从背后传来。

女人回头望去，发现身后不远处的亭子里，有一位高僧正在气定神闲地打坐。女人不禁悲从中来，说："你是僧人，自该以慈悲为怀，为什么你看到我欲轻生，却不阻拦？难道连你也不同情我、可怜我吗？"

高僧暗笑："你连自己的命都不要了，还需要同情和可怜吗？再说了，即便我阻拦，我能拦下的也只是一具空空的躯壳，一具没有灵魂

的躯壳等同于死亡，所以我拦不拦你都一样。"

女人沉默了，"扑通"一声跪了下去，朝高僧磕了三个响头，泪流满面地说："还请高僧指点迷津！"

高僧说："那请你告诉我你到底遭遇了什么事情？"

女人说："我最爱的男人另结新欢，他狠心地抛弃了我。这些年，我一颗心都扑在了他身上，我做的所有事情都以他为中心，都在为他着想，可他竟然狠心地抛弃了我，我实在是太痛苦了。"

高僧说："这个倒也好办，我可以令你不那么痛苦。"

女人急切地说："真的吗？那你快告诉我，我该怎么办？"

高僧说："如果你信我，你现在去找一把剪刀来。你找来后，我再告诉你怎么办。"

女人觉得高僧尚可信任，便去附近山中人家借了一把剪刀。她对高僧说："剪刀找来了，现在请你告诉我，我到底该怎么办？"

高僧依旧闭目打坐："现在，你先剪一些你的头发和指甲下来。"

女人剪完，高僧问："疼吗？"

女人摇头，说道："只是剪了一些头发和指甲，怎么会疼呢？"

高僧："可它们是你身体的一部分呀！怎么会不疼呢？"

女人有些疑惑，说："可是真的不疼，没有哪个人剪掉自己的指甲和头发会觉得疼痛的。"

高僧笑道："你剪掉你身体的一部分都不会觉得疼痛，为什么你身体之外的事物离开你，你会如此痛苦呢？"

女人有些释然，说道："因为我太爱他了，他是我的整个世界。"

高僧摇头，说道："他不是你的整个世界，他只是成了你的载体，你把自己活成了他的指甲和头发，他剪掉你，同样不会觉得痛苦，也不会觉得有多么舍不得。"

女人终于明白了高僧的意图，她再次跪谢，返身下山。女人回家后像换了一个人，她不再那么痛不欲生，相反过得很快乐。她像当初周全地照顾那个男人那样照顾她自己以及她的家人。

对此，家人有些不明白，女人却解释道："虽然我很爱那个男人，当初也确实痛不欲生，但是我现在明白了，这个男人是我身体之外的一样东西，好比天上的飞鸟、河里的游鱼一样，随时都会离开我。他与我的关系甚至不如我的指甲、头发与我的关系亲密，我剪掉自己的头发和指甲都不痛苦，那么，他的离开自然不会让我痛苦了。"

在生活中，有不少女人常常为了某个人就把自己给弄丢了。她们的生活总是围着那个人打转，甚至她们的兴趣爱好、思维方式都朝那个人靠拢。她们就像上面例子中的女人一样，以为那就是爱情。然而，那却让她们活得很没价值、很没尊严。

在任何一份感情里，任何一个人都有可能离开你。因此，在一起时，就彼此珍惜；分开了，就道一声珍重，然后好好爱自己。与其痛不欲生，不如平心静气地疗愈自己的伤口，然后把那个丢失了的自己一点点找回来。你要知道，你才是对自己来说最重要的，你把自己的世界活得精彩了，自然会有人来到你的世界。除了爱情，你一定要找到使你站在大地上的东西，只有这样，你的世界才不会因为某个男人的离开而倾斜。

　　人生从来不是一道单选题，而是一道填空题。我们把梦想、事业、爱情、家庭等尽力填充，才会愈显丰盈，这样的人生也才够得上圆满。

02

好好享受你的单身时光

你是否经常会遇到这样的事情：和同学、朋友出去玩，或是参加一些聚会，总是看到别人成双成对的，只有你还是一个人。于是，自己可能感到这些人总是向你投来一种怜悯、同情的目光，让本来心情极佳的你突然觉得很低落。

有些姑娘，刚到二十四五岁就觉得自己"老"了，觉得进入了"衰老"期，开始陷入恐慌。于是，她们整天唉声叹气、胡思乱想：难道我是不值得人疼爱的女人？难道我没有女人味，没有男人缘，没有竞争力？

这样的女生确实不少，年纪轻轻，工作不好不坏，却总是羡慕别人的幸福，结果把所有的时间都花在了追寻爱情这件事情上。在她们的人生中，似乎只剩下了爱情。她们没有时间去努力工作，没有时间去充实自己，没有时间去过自己真正的人生。

或许，这就是她们自己选择的生活方式，为爱而活，而不是为自己而活。但是人生的追求有很多，不是只有爱情这一项，爱情只是生活的一部分。

趁头脑还清醒的时候，你可以学到足够多的本领，找到属于自己的成就感和归属感；趁身体还矫健的时候，你可以养成健康的生活习惯，这足以支撑你接下来的几十年的生活。而且在这个过程中，你会练就忍耐的本领，人也会变得更加和善。你将找到自己的位置，不再自卑，也不再高傲。你会怀着包容、信任与盼望面对人生中大大小小的事。恐怕到那时，你才知道要如何去爱一个人，而你自然会遇到合适的另一个人。

很多时候，两个人在一起不一定就快乐，单身不一定就不快乐。人生中总有一部分是需要你一个人去走完的，所以何必去在意是一个人还是两个人。你现在要做的不是去羡慕别人，而是好好地去享受、去珍惜这几年美好的珍贵时光，去做自己想做的事情，去自己想去的地方，去努力完成自己的梦想，去为自己好好地活。

其实，在另一半缺席的日子里，你也同样可以过得很好。书籍、电影、音乐、旅行等，这些都可以陪你度过美好而静谧的岁月。即便另一半朝你走来，你也不应该放弃它们。

人生的每一段时光都值得享受，我们没必要给这个贴上"单身"的标签，给那个贴上"已婚"的标签。让时间快进，进入到你期望的下个阶段，难道就能解决你当下的痛苦，弥补心灵上的缺失吗？婚姻不是过家家，一旦迈进，必然面临许多复杂的现实问题。如果你自己还不成熟，那要做好一个新家庭的主人该有多难。

　　不要担心自己年龄大了依然没有遇到心中的白马王子。你现在单身，并不意味着你不优秀。活在当下，努力提升自己，总有一天，你会遇到适合你的那个人。

03
只想靠嫁人改变命运，悲剧一定等着你

受儿时所看的童话故事的影响，很多女生在择偶这件事上，总是抱着这样一种想法：要找就找英俊帅气的男人，要找就找事业有成的男人……总之，和我牵手的男人，必须是一位王子！于是，"找个好工作不如找个好老公"成了不少女性的想法。

然而，如果女人过分看重自己未来是否嫁得好、生活是否有保障，等于将自己一生的幸福都寄托在别人的身上。当女人把自己的幸福寄托在男人身上的时候，就已经注定了自己的感情和婚姻的不幸。至于她身边的那个男人是否真的会像童话里的王子那样来拉着她骑上白马，更成了一个未知的问题。

也许有反对者会说，在就业压力、经济压力接踵而至的时候，婚姻自然会成为不少女生的另一条"退路"，而有一定的经济基础和稳定的收入更是她们择偶的首要条件。这本无可厚非。可是，真实的生活往往是这样的：平凡的男人是大多数，高贵的王子少之又少。于是，当恋爱被残酷的现实伤得粉碎时，女人便开始伤心、郁闷、抱怨。"我的另一半，你什么时候才能变成王子来娶我呢？"结果，越叹气越难找到合适的人。到最后，将就着把自己给嫁了出去，然后开始埋怨丈夫不是王子。

　　这些女人只期待身边的男人成为王子，却从没想过这些问题：我的条件怎么样？我能为家庭做点儿什么？我到底要什么？我期望什么样的生活？我需要什么样的婚姻？相反，她们往往想的是：我能得到什么？我该不该嫁给这个男人？这个男人是不是真的爱我？

　　在生活中，很多女人总以为，一遇良人，从此就能高枕无忧。但其实只有自己足够强大了，才会吸引来心中的白马王子。如果你总是以弱者的身份存在，需要怜惜、保护，那么最初觉得你楚楚可怜的人，最终也会让你变成可怜的人。所以，与其抱怨遇不到王子或是王子不理会你，不如多花点儿心思去想一想怎么样才能活出最好的自己。当你有足够的智慧来保护自己时，你就会成为人见人爱的公主。

04
一个人无趣，两个人怎会有意思

经常听到有女生这样说："我要找个男朋友，让他教我游泳，带我攀岩，给我弹吉他，牵着我一起去流浪……"是不是光听着就觉得很浪漫呢？可是再看看你自己，成天窝在家里，不是睡觉、玩手机，就是追剧……

在现实生活中，有很多女生明明不喜欢自己现在的生活状态，除了睡觉、吃饭，就是看电视剧、看小说，即便朋友善意提醒，也丝毫没有要改变的想法，继续过着枯燥无味的生活。

朋友说："我们去看电影吧！"她会说："要走那么远的路，还是别去了。"朋友说："我们早起去吃顿丰盛的早餐吧！"她会说："太早了吧，我肯定起不来。"朋友说："我们今晚去操场跑步吧！"她会说："多累啊，我还是回家玩电脑吧。"在她们看来，好像每一次拒绝都是有理有据的，然而，时间久了，朋友就不再找她了。

可以说，一个人选择什么样的方式生活，原本就是她自己的事情。难道你有了男朋友，就能改变现状吗？

让我们不妨做一个假设：你的男朋友的确是一个很懂生活的人，而且风趣幽默，会打篮球，会游泳，会弹钢琴和吉他，喜欢健身，喜欢冒险，还经常旅游。可是，再有趣也只是别人有趣，即便他是你的男朋友。当男友叫你一起去游泳时，你只能干着急，"怎么办？我还不会"。当他为你弹钢琴时，你也只能痴痴地看着，却不知道他弹的是什么曲子。当你们一起去旅行时，他跟你说着各地的风土人情，你也只能随声附和，却讲不出一段有意思的经历。当然，你不会游泳，他可以教你；你不知道曲子的名字，他可以告诉你。可是，你有没有想过，你能给他什么？给他讲热播剧的剧情？给他讲你睡了一整天？还是给他讲晚饭吃了哪家的外卖？

爱情是相互吸引的缘分，两个人因对方优秀的特质才走到一起。如果你没有一颗同样丰富多彩、敢于冒险的心，你也无法吸引拥有这种特质的人。越嫌麻烦，越懒得学，未来就越有可能错过让你心动的人或事，错过更美的风景。

其实，当你把自己变成一个有趣、懂生活的人时，你自然会遇到同样有意思的人。当你通过对方的眼睛看到不同的世界时，对方也会在你的眼中找到不同的风景。为此，你可以尽量去体味你所拥有的一切，去争取自己想要的。即便一个人独自窝在家，感到心情抑郁，也可以出门感受一下大自然，看看小鸟掠过天空，听听邻里狗儿的叫声，仰望那棵硕壮的老树，相信你肯定会为眼前的美景惊叹。只有两个都有意思的人在一起才会更有意思。如果你自己都无趣，两个人在一起又怎么会有意思呢？

日子其实就是这样，你有怎样的心态，它就会回馈给你怎样的状态。就像那些始终懂得为自己寻找坐标的女人，无论单身与否，总能凭借自己的自信与洒脱，开辟出一片美好的天地。

05
永远不要爱得失去自我

如果你的直觉已经告诉你，你正在进行一场错误的恋情，请你听从你的内心，马上纠正或是马上放手。很多时候，低到尘埃里的爱情永远也无法开花结果。

在爱情中，如果女人把自己放在很低的位置，那男人就会把她看得更低，有谁会高看一个卑躬屈膝地向自己讨好的人呢？这样做的女人无异于失去了自我，丢掉了灵魂。一朵从尘埃里开出来的花怎么能经得起风雨的摧残？她一开始就把自己的爱情放在了一个失衡的天平上，自然永远无法获得平等。

妮在电话里跟闺密提起她新交的男友。在聊天中，她自始至终都在描述男友如何有钱，如何英俊，如何有品位。听起来，妮就像在描述她的偶像。

然而，当闺密无意间问了一句他俩的交往情况时，妮说，她什么都听男友的，她帮他整理房间，为他煮饭、熨烫衣服……当闺密问她，她的男友做了哪些让她感动的事时，妮沉思好久，说没什么特别的，他们只是一起出去吃饭。不过当她看到别桌的男人殷勤地照顾自己的女友时，她总是感到很失落、很委屈。

聊着聊着，闺密终于明白了问题出在哪里。妮的男友刚追求她时，她觉得自己遇到这么优秀的男人实在是太幸运了，为此，她甚至还说自己都不敢和他在一起照镜子，觉得自己配不上他。后来，妮凡事都迁就男友，表现得特别乖巧，对他百依百顺。她原以为男友很快就会向自己求婚，可是他却似乎开始躲着她了，妮为此痛苦不已。

尘埃里开出来的花，终将凋落在尘埃里。在爱情中，当迷恋上一个人时，很多人往往会一点点地失去自我。其实，在亲密关系中，如果两人处于不平等的地位，就不能称之为爱情，只能称之为依附关系，而这种畸形的关系是无法保持长久的。

其实，爱一个人没有错，为对方付出，给对方幸福和快乐也没有错。错就错在，爱到了极致，爱到失去了原则，甚至忘记了自己。爱情不是一个人的独角戏，需要两个人共同配合才能圆满。如果在爱情中总是一味地付出，那么不仅无法获得想要的幸福，还会让自己爱到满身伤痕。

热恋中的人很容易失去理性。一个人如果失去了理性，就会患得患失，继而失去冷静、自信心。

在爱情的路上，切记永远不要爱得失去自我。爱得卑微，爱得失去自我，最终只会换来体无完肤的爱情和一颗破碎的心。如果一段恋情让你失去了常态，必须赶紧让自己冷静一下。当情感冷下来，人便有了静，这样才会有更多的智慧。如果爱情是一百分，那么女人至少要留五十分给自己。千万不要在爱情中让自己低到尘埃里。

06

离开他后，你要比以前更美

每个人都期待早点儿遇到真爱。或许在这个转角你遇到一个人，你们相互陪伴着往前行。可是，在下一个分岔路口，你们却又去往不同的方向。

小雪与男友交往六年多了，有一天男友向她提出了分手。那一刻，她难过极了。在这六年多里的时间里，小雪一直都是被捧在手心里的，两人但凡有些争执，男友绝对会在二十四小时内道歉，不敢让她受半点儿委屈。因此，当小雪突然被分手时，她不仅难过至极，面子更是挂不住，即便时隔半年多，还是不能消化这苦涩的情绪。

事实上，小雪是愿意挽回这段感情的，而且她也做了好多以前绝对不可能做的事。但是即便小雪做了这么多低声下气的事，也没有让男友回头，反而还让她自己丢了尊严，感觉更委屈了。

相信许多女孩都曾经历过或是正在承受着相同的煎熬。如果两个人最初的爱恋和感动依然存在，那么当爱情遭遇困难时，我们就要努力去解决问题，不要计较谁付出得多，谁又付出得少，因为真爱里只有宽容。

可是，如果我们遭遇的困难是一方的爱情正在逐渐消退，或是已经做出决绝的表态，那我们就得学会接受事实，学会就算含着泪水，也要优雅地转身离去。我们常说，爱和恨是相互关联的，有爱就会有恨。在分手的时候，我们都会恨对方，因为想不通既然现在要分开，那当初为什么还要在一起。但是，是不是因为没有拉着对方的手走到最后，我们就要去否认之前所有的美好回忆呢？

也许有的女孩会不服气地说："我们干吗要低声下气地去求男人？既然两情已不相悦，当然是要很骄傲地、头也不回地转身离去。"优雅地转身并不是为了和谁较劲，或是怕谁看不起我们，我们的优雅只是为了赢得对自己的那份尊敬和肯定，让我们不会因为一次的失败而从此轻看甚至是否定自己。如果爱情到了最后，让我们把自己都弄丢了，那它对我们的生活、对我们的生命又有什么意义呢？

其实有些人，这辈子能够相守固然是好的，不能白头到老也只是因为不适合。你爱的人在你的生命里出现，的确只是个过程，就是为了使你学会付出，学会珍惜，学会爱自己，让你知道你想要的是什么，你始终在寻找的是什么。所以，我们应该感谢那些离开的人，离开不过是因为彼此不适合，无论之前做过什么，该放下的，放下就好。

当一段亲密关系结束时，也许你会尝试快速寻找新的亲密关系。一个人离开，总会有另一个人进来，但这只能掩盖内心的空洞。倘若你想要成长，就应该静下心来思考。其实，你所索取的外界的爱与关注，都源自你的不自信与不自爱。如果你内心足够强大，把注意力集中到自身，那外界的所有人和事就不能再影响你了。

所有带着爱或恨的离别，也是一次痛苦的割裂。如果做不到微笑道别，那么，是不是可以优雅地转身呢？总有一天，你会对着过去的伤痛微笑。你会感谢离开你的那个人，他配不上你的爱、你的好。他终究不是命定的那个人。所有到不了头的恋爱只是一场历练，也许那一刻你的心碎了，却也只能爬起来，擦干眼泪往前走。要知道，是他的离去才给你腾出了幸福的空间。

也许你在年轻懵懂的时候谈过几场轰轰烈烈的恋爱，经历过种种分分合合，你觉得自己这辈子已经爱够了，再也不想恋爱。但是谁也不知道未来会发生什么，你会遇见怎样的人，发生怎样的事，谁会爱上你，你又会嫁给谁。你应该始终相信，迟早会找到自己的归宿。幸福有时会迟到，但它从不缺席。即使爱情已逝，也要心存美好。

07
缺乏安全感的女人，嫁给谁都是错的

谈到安全感的问题，让我们先来讲一个冬天里两只刺猬的故事。因为天气寒冷，两只刺猬相互靠近取暖，可是由于距离太近，彼此身上的刺把对方扎得生疼。于是，两只刺猬不断地尝试，最终在不断地靠近、分离、再靠近中找到最佳的位置。这个故事很像恋爱中的男女，因为爱而走到一起，但又因为难以把握距离，而让彼此不快乐甚至受伤害。

在任何一段亲密关系中，都少不了安全感。安全感似乎一开始就伴随亲密关系而生。然而，爱得越深，越没安全感。

在婚恋关系中，很多女孩容易把自己放在一个较低的位置，表现得"忍气吞声"，刻意讨好对方，以期获得对方的接纳和认可。研究发现，这种低自尊的人往往会感受到更多的不安全感，这会让婚恋关系的发展受阻。因为她们总是把自己想象得比实际要差一些，即使她们的伴侣认为她们已经足够好，她们也会持怀疑态度，总是否定自己，也否定伴侣对她们的肯定。另外，不安全感还会让她们产生一种错觉：认为对方会疏远甚至离开自己。一旦对方真的离开了，她们就更加无法信任他人。

缺乏安全感可以说是婚恋关系的一大杀手。因为缺乏安全感的一方会表现得非常焦虑、恐惧，以致给另一方带来精神压力。同时，缺乏安全感的一方会因对自己的消极评价而产生很多负面情绪，这些负面情绪就像有害物质一样，侵蚀着亲密关系。

然而，事实上，缺乏安全感可能和当下的事件没有丝毫关系，也不是伴侣造成的。要想获得安全感，我们必须纠正自己的错误认知模式以及内在的自我批评，更好地接纳自己，接纳另一半，为自己婚恋关系的良好发展铺平道路。

如果你是一个低自尊女孩，就需要好好审视一下自己的行为模式：当你为对方做一些事情的时候，是真的为对方好，还是希望对方对你更好？若是后者，请停止这种想法，因为你不需要讨好任何人，你只需要把自己和对方放在同等位置上。记住，你们是平等的。

很多女性在进入一段亲密关系后，很渴望将自己与对方融为一体，因而失去了自我，这常常会得不偿失。越是在关系变得亲密时，我们越应该保持当初吸引对方的某些特质。请不要试图把自己变成对方的一部分，就算你们的关系进入非常亲密的阶段，你也要保持自己的独立性。因为我们每一个人都是独立的个体，我们本身就是一个完整的人。

　　婚恋关系是人生的一大课题。当我们去改变自己，提升自己安全感的时候，也意味着我们将走出心理舒适区，去面对一些伤痛。在这期间，我们可能会重新撕开过去试图掩盖但尚未愈合的伤口，这对我们来说也许并不容易。但请你不要害怕，改变意味着部分的否定，虽然很难，但请你相信，这些都是值得的。

第七章

没有人能阻止我们
优雅而精彩地活着

只有把生活经营得越来越好，手上的选择越来越多，你才会对过去释怀，最终放下，获得内心的平静。

01

任何时候，都要保持一颗纯真的童心

　　每个人都有童年的记忆，但很少有人记得自己曾经也是个孩子，更别说用童心去看世界。哈佛大学的情商课就将有可贵的童心作为女性最难得的品质之一。有童心的女人很可爱，她的纯真性情给人一种安全和可信赖之感。一个女人在童心闪现的时候，是最真实、最具魅力的，而她的这颗孩子般的纯真、善良和带着梦想的心会为其带来很多学历、地位、金钱所不可及的幸福感。

　　童心是生活的一种态度，是生命的一种境界，是对自我的无条件关爱，是对生活、对世界的欣赏和热爱。即使女人步履蹒跚、朱颜已改，但其只要保留一份童心，就依然可以拥有洞察这世界的清澈眼睛，还有发自内心的灿烂笑容。

孩子们遇到开心的事情会笑，遇到悲伤的事情会哭，他们从来不会去介意周围世界的反应，他们只是在表达自己的情绪。相反，成人的世界就不一样，你可能渴望被别人理解，但你却不能自如地表达自己的情感，因为你会有很多顾虑。不妨像孩子们一样，在适当的时候为心灵打开枷锁，认同自己，喜欢自己，欣赏自己，从而变得快乐。

每个女人的生活都应该是新鲜的、充满情趣的。而童心则会为你增添生活的乐趣，成为你快乐的源泉。在你和一个人相处的时候，在你与自己的宠物在一起的时候，在你试穿新衣服的时候，你不需要那么理性，大可用童心去打量、探究这个世界，寻找属于你的快乐。如果一个女人对世界失去好奇，那么世界也会对她失去好奇。

那些在历经了生活的艰难困苦之后，依然拥有一颗纯真童心的女人更容易获得幸福，她们知道童心是灵感的源泉，她们是最幸福、最有活力的女人。也许你已经是一位身居高职的女强人，也许你已经为人母，但是不管怎样，请你尽量保持一颗童心。

为什么很多女人失去了童心呢？可能是因为缺少了对自身成长的审视。你是不是太在意周围的世界？你是不是太介意自己的得失？正因如此，你忽略了来自心灵深处的声音，失去了心灵的自由。关注和关爱自己，倾听自己的声音，无条件地接受自己，是唤回童心的第一步。

在人生的旅途中，人们应该常用童心这面镜子，来审视一下自己的心灵。开心的时候，肆无忌惮地开怀大笑，也许所有的忧愁都会在大笑中流走，所有的紧张都会在大笑中释放。每个人的生活都不可能是一帆风顺的，难免会遇到挫折，难免会伤心失望。何不像孩子一样去生活？因为孩子总是在认清犯错的原因之后，很快就忘记了忧伤，重又展开笑颜，重又做起美好的梦。

在纷纷扰扰的生活中，在责任的重重压力下，拾起久违了的童心，你会发现那是多么的可贵。事实上，拥有童心并不意味着你必须放弃当一个成年人。你会清楚真正的生活不是疲于奔命，而你也会发自内心地赞叹整个世界。

作为一个女人，无论处于如何艰难的境地，你都可以畅快地笑，允许自己抱有幻想。到大自然里走一走，扑扑蝴蝶，闻闻花香，让自己的生活生动起来，童心会因此得到回归的机会。保持一颗单纯而快乐的童心，正是进行自我调节的良剂。

02
始终不渝地追求有激情的人生

当我们偶尔对自己产生怀疑时，当我们回顾那些畏惧、退缩与放弃时，我们往往会发现自己缺少的其实是一种内在的支撑。抬头看看那些我们所仰慕的人生赢家、幸福的人，他们往往有着强大的内心、光芒四射的生命激情。

心理学告诉我们，一个人生命的激情来自内在的力量。当你寻找到自己内在的力量，并不断滋养、壮大它时，生命便会迸发出澎湃的激情，并创造无限可能。对于女人而言，激情是动力的源泉。一个有激情的女人，永远像孩子一般，兴奋地、执着地、勇敢地奔向目标。激情使生命燃烧，能产生出不凡的能量。如果说欲望是生命的动力，那么，激情则可点燃生命的动力。

但是，很多女人并不缺少欲望，而是缺少激情。不少上了四十岁的女人总觉得自己年纪大了，失去了青春，失去了一切。这个阶段的女人常常会缺少激情，人未老，心已衰，在气势上就已经输给了别的女人。

　　人最可怕的是没有目标，没有激情。没有激情的女人是枯萎的，甚至是可悲的。即使为了一件衣服，为了一件心仪的首饰而开心，也好过麻木、沉闷的状态。而充满激情的生活能使我们的生命力长盛不衰。那些对新鲜事物保持着兴奋和好奇的女人，她们不仅看起来比实际年龄年轻许多，她们表现出来的心态也更年轻。她们都有一个相同的特性，就是常常保持着一颗"少女心"——兴奋、爱玩、爱笑、爱感动。

　　人的青春一如人的感官，也是用进废退。你经常迸发激情，就能始终充满激情。越是有激情的女人，越有活力和动力，也越活越有滋味。即使你只有二十岁，但如果没有激情，你的生命同样显得粗糙、干枯。

　　然而，尽管很多女人已经感觉到生活的枯燥无味，也拼命地想找些能点燃自己激情的事情，可是她们只是停在原地，一直想啊想啊。很明显，坐在那里空想是不会对其有任何切实帮助的。

　　生活中的激情来自行动和实践。如果你没有尝试过滑雪，你怎么会喜欢上滑雪？如果你从来没有听过一场摇滚演唱会，你又怎么会迷恋上摇滚？为此，你可以大胆地去尝试一些你一直想做却未做的事情。从一次次的实践中，你定会找到生活的激情。

找到生活的激情，并不是说你应该非常清楚下一步该干什么，下一步的结果是什么。生活不会这么简单，相反，生活总是充满了迷惑和未知。我们没法完全控制自己的生活，我们所能做的就是尽己所能，选择对的方向，做你认为对的和感兴趣的事情，然后尽力坚持下去，你会发现你的生活慢慢地被激情所充满。

　　也许有人会质疑："就算知道自己的兴趣又有何用？人生有很多无奈，难道要我抛弃责任，去任性地唱歌、跳舞吗？"当然不是，你可以继续工作，但同时也可以做自己喜欢的事情，你只要平衡好两者之间的关系即可。

　　不过，对于一个骨子里就悲观的人，也许无论做多少次尝试，还是找不到自己的挚爱。此时，最应该调整的，或许是你自己的心。只有你变成一个积极乐观的人，才是正解。

03
时间去哪儿了不重要，你在哪里才重要

很多女人都有这种感觉：小时候，感觉一年过得很慢，总是盼望假期早点儿来，可假期却总是姗姗来迟；小时候，总是盼望自己快快长大，可似乎过了很久，才好不容易长了一岁。到了二十几岁、三十几岁，又总是希望日子过得慢些，老得慢些，可一眨眼，一年就过去了，再接着，五年、十年也在不知不觉中飞一般地过去了。

于是，当我们回顾过去的几个月甚至几年的时候，我们可能什么都记不起来，只感觉时间飞逝，生命被荒废，时常生出"时间去哪儿了？""时间怎么过得这么快？"这样的叹息。固然岁月飞逝而过，时间不会为任何人停留，但是我们一样可以通过调整内心的时钟来"留住"时间。

在很多人看来，时间匆匆而过是因为超高速运转的生活让他们无暇体会生活中所经历的一切。虽然每天从天没亮忙到天黑，却感觉自己如同上了弦的机器人，每天机械地生活，记忆中空空荡荡，一天下来，几乎想不起来做了什么，唯有通过精神与身体的双重透支才感觉到这一天应该很忙碌。

其实，我们之所以不知道时间都去哪儿了，是因为整个人始终处于一种从"忙"到"盲"的状态，内心的感知系统似乎早已关闭，忘了自己，也忘了时间。可是那些缺乏情绪感受和个人意义的事件即使经历得再多，也无助于形成关于时间的记忆，结果真的不知道时间去哪里了。

为了让时间变得"慢一点儿"，我们应该体会当下。比如，你可以慢慢地享受一顿饭，细细地品一杯茶，或者哪怕让自己的语速和脚步慢下来。过去的已经过去，未来的还没有来到，活好当下才是最重要的。

很多人都有过这样的体验：如果一件事很紧急，在做这件事情的时候，我们就会显得很着急，急于赶快完成它，或是担心完成不了怎么办。其实，当这些情绪、杂念充斥着你的大脑时，这些时间就只属于那些杂念，而不再是你的了。

例如：在煮饭的时候，如果你一直想着煮饭后就可以看书、加班了，那么在煮饭的时候，你就很可能会一直想着煮饭后能干的那些事，而忘记体会煮饭给你带来的乐趣；在吃工作餐的时候，如果你一直想着接下来要做的工作，或者刚刚结束的一场争吵，就会感觉很没胃口，结果草草扒几口饭就垂头丧气地走了；在上班的时候，如果你一直担心做不好会被领导批评，就会始终无法专心，以致影响工作质量；在听人说话的时候，如果你一直想着自己该如何表达想说的话，就无法真正理解对方……

在生活中，我们总有做不完的工作、实现不完的目标。如果你觉得只有这件事情做好了，你才会快乐、幸福，你就会陷入恐惧、焦虑和不安的状态。因为，未来不在你手心，你永远也无法紧紧抓住它，而对于抓不到又想紧紧抓住的东西，我们自然会担心、恐惧和焦虑。

有位母亲每天都要做这样一些事情：早早起床安排一家人的早餐，晚上收拾完碗筷，教孩子写作业，孩子睡了还要做一些家务。时间久了，她觉得做自己喜欢的事情的时间少了很多，情绪也渐不如从前，变得爱唠叨、爱抱怨。

后来，她领悟到："我的生活状态不应该是这样的，我要活得优雅而从容。"她觉得，要想"延长"自己的时间，就要把陪孩子、做家务的时间都当成自己的，这样自己就拥有了更多的时间。

以前，在洗澡这件事上，她从来都是速战速决，因为后面还有好多事情等着她。可是如今，她会用心倾听花洒流出的水声，感受水滴洒落在皮肤上的感觉，感受水流向下水道的声音，感受洗手间外面的音乐声。所有这一切，都让她觉得自己在认真地生活，她与时间同在。

当你想着快点儿做完一件事时，你的心思其实已经不在这件事上了，最重要的是，这会让你的生活变得很痛苦、很煎熬。

天底下，没有一个女人不想做一个美好的女人。然而，当生活琐事把曾经美丽的女人变得不再美丽，当言语中渐渐多了抱怨和唠叨时，又该如何调整自己呢？

现在很流行一个说法，叫"活在当下"。如果你把注意力放在你正在做的事情上，时刻保持对当下的感知，就会有奇迹发生。比如：吃饭的时候，心思只在品味食物的美味上；工作的时候，专注于如何做好工作，并从成功的经历中总结经验；倾听的时候，静静地听对方传达过来的信息……如果我们不能专注于事情本身并享受这个过程，那生活就会变得煎熬。

生活，总是将我们的各种经历——我们想要的和我们不想要的尽收囊中。而我们往往更擅长活在我们想要的"当下"。但是，现在发生的每一件事情，对我们的人生来说，都是有意义的，而且是永远无法重来的。因此，接受当下的状态，安享现在的每一时刻，做到关照自己的内心，我们的心才能安住其中，成就一个美好的自己。

04

生活需要留白

懂画的人都知道，留白是中国画造美、审美之必须。虽是空白，却能营造出非凡的意境。画是如此，生活亦是如此，也需要留白。林语堂曾说过："看到秋天的云彩，原来生命别太拥挤，得空点。"

叶小姐在电话中跟友人聊天。她说讨厌现在的生活，越活越粗糙。为了生存，几乎没有时间和精力顾及灵魂。上一次旅行是在两年前，上一次去电影院是在去年春天；已经记不得上次见到鲜花是什么时候，记不得上一次看满天繁星是什么时候；就连逛街都已经是很遥远的事情了。

友人是叶小姐在大学游泳馆里认识的学姐，碰到的次数多了就熟络起来。只因不在一个城市，所以两人见面聊天的机会甚少。在友人的印象中，叶小姐总是穿着修身的连衣裙，踩着精致的小皮鞋，仔细地搭配包和首饰。

友人听完一阵愕然，怎么也无法把那时那个美得像一朵花的叶小姐与那个刚刚挂断电话的女人联系到一起。其实，友人也多多少少能理解叶小姐所说的状态。毕业之后，虽说叶小姐的家庭和工作都慢慢步入正轨，而且收入一年比一年高，但是住的地方离公司足足有两个小时的车程，而且每天回家之后剩下的只有疲惫，哪还有精力做其他事情。

在现实生活中，有很多女人活得像叶小姐一样，为了生存，难以顾及灵魂。虽说日子过得有模有样了，然而可支配的时间和精力却越来越少。

当生活好像有一把鞭子驱赶着我们奔跑时，我们渐渐不再为一朵花开而兴奋，不再为一个笑容而满足。问题出在哪里，我们自己也说不清楚。于是，"忙碌和疲惫，似乎已经成为现在大多数年轻人的一种生活常态"一度成为我们的借口。

生活被工作和疲惫绑架之后，只会慢慢消耗掉我们对生活的热情。即使有时间也不想走远，宁愿窝在沙发上看电视或者打游戏，完了之后是更深的空虚和不安。等我们真正静下心来时，我们的灵魂已经被甩出了好远。

白落梅在《林徽因传》里有这样一句话：生活原本就不是乞讨，

所以无论日子过得多么窘迫，都要从容地走下去，不辜负一世韶光。其实，真正的生活，是需要留白的。

在人生的路上，我们需要奔跑，但同时也需要适当地"偷懒"。我们需要尽自己的努力让自己和身边的人过得更好，但也不要太过用力。因此，不妨抛开工作、生活的烦恼，给自己多一点儿空白时间，好好享受一下生活。人生不能挤得太满，能留白和会留白，生命才会更鲜活。

喝一杯下午茶，听一首轻音乐，走一走陌生的街道，看一看半弯的月亮，栽一株小花等它绽放，写一张明信片问候远方的朋友。哪怕只是做些无用的事，感受时光慢慢流逝也是一件美好的事。

唯有保持对生活的热情和珍爱，方能不再窘迫地生活，活得淡定而优雅。

05

过不将就的生活，让时光如诗般美好

世界那么大，我们却常常在眼前的小世界里将就地活着。穿不合脚的高跟鞋，美就行了，这是对身体的将就；随便吃点儿快餐，填饱肚子就行了，这是对健康的将就；和不爱的人结婚，过得去就行了，这是对人生的将就。

毫不客气地说，所有的将就都是对自己的亏待。然而，每一次将就里面，或多或少都有着无奈、委屈、胆怯、隐忍、愤怒……多少次，你曾这样问自己："难道这就是我所追求的生活吗？"

一位聪慧的女子曾说过："与其将就生活，不如掌控生活。与其跟风买一个昂贵奢侈的爱马仕包，不如选择一个手工制作的精致物品。与其大牌傍身来撑起自信，不如件件衣物得体，散发独特的优雅。"

不妨回忆一下，出门前，你是细心装扮还是随随便便？在着装上将就，虽说一时省事，但难免会让你一整天看起来黯淡无光；反之，着装讲究，即使有点儿烦琐，生活也会因此精彩许多。

然而，当你以为自己已经习惯了拥挤的地铁、格子间的键盘、食之无味的盒饭时，总有一些人还会记得那些没有实现的梦想，那些或宏大或细碎的心愿，然后不管身在何处，总能再次启程，决然踏上优雅的征程。

当清晨的第一缕阳光洒进了一扇没有关严的窗户，室内一下子就被金色的光芒充盈了，令人移不开眼。这里收拾得整整齐齐，所有的摆设也都恰到好处。花瓶里的鲜花插得错落有致，细细一看还有晶莹的水珠。

你一定会想，这里有一个细心且优雅的女主人。忙碌、快节奏的生活，并没有将她磨砺得粗糙、邋遢，甚至自我放逐。

屋子照例收拾得整洁有序，里面的每一件物品仿佛都安了家，让身处这里的人不由得心动起来。

这样的女人，总试着把平凡的生活过得充满诗意，为寻常的日子增添些许新意。

她会在周末的午后，泡一杯红茶，放一曲缓慢的音乐，看着太阳一点点地落下去；她会在春天的时候，带上碎花布单，还有亲手做的零食，去郊外踏青；也会在和煦的秋风中，细数每一片落叶的纹理，读懂它们的故事……

优雅是女人最宝贵的气质。当你因为时间紧来不及化妆，蓬头垢面地挤上地铁时，优雅的女子顶着精致的面容朝你淡淡地微笑；当你因为取得一点儿小成就而沾沾自喜、得意忘形的时候，优雅的女子已经将那些逝去的荣耀打包，寄给了过去的自己。

在生活中，很多人觉得妥协一些，将就一些，容忍一些，就可以得到幸福。结果，那些选择将就的人，会渐渐发现，自己并没有得到期盼中的岁月静好。很多时候，你将就着过日子，也只能得到将就的生活。

然而，生活中那些优雅的女人看似柔弱，实则个个都是"战士"。她们会打败心底的自卑，让自信生根；她们会打败心底的怯懦，让自强发芽；她们会打败心底的嗔痴，让豁达做主。在优雅的女人的世界里，对手从来都不是别人，而是自己。

女人，要想活得幸福，不取决于你拥有多少件衣服，而取决于你是否在何时何地，一直都精彩地活着。

亲爱的姑娘们，人生就那么几十年，你怎么忍心把唯一的人生将就地过完呢？人生只有一次，要么将就，要么讲究。对于追求完美和高品质生活的女性来说，更不应该将就地生活。当你不将就一切时，生活自然会厚爱你。

06

无论何时，都要珍惜与善待自己

　　有一个生长在孤儿院的女孩，常常悲观地问女院长："像我这样没人要的孩子，活着究竟有什么意思呢？"

　　女院长笑而不答。有一天，女院长交给女孩一块石头，说："明天早上，你拿这块石头到市场上去卖，但不是真卖。记住，无论别人出多少钱，绝对不能卖。"

　　第二天，女孩拿着石头蹲在市场的角落，意外地发现有不少人对她的石头感兴趣，而且价钱越出越高。

　　回到孤儿院里，女孩兴奋地向院长报告，院长笑笑，要她明天拿到黄金市场去卖。结果，在黄金市场上，有人出比昨天高十倍的价钱来买这块石头。

最后，院长叫女孩把石头拿到宝石市场上展示。结果，石头的身价又涨了十倍。由于女孩怎么都不卖，这块石头竟被人们传为稀世珍宝。

女孩兴冲冲地捧着石头回到孤儿院，把这一切告诉院长，问为什么会这样。

院长望着女孩，慢慢说道："生命的价值就像这块石头一样，在不同的环境中会有不同的意义。一块不起眼的石头，由于你的惜售而提升了它的价值，竟被传为稀世珍宝。你不就像这块石头一样吗？只要自己看重自己，自我珍惜，生命就有意义、有价值。"

没有人不想幸福快乐地生活，然而现实生活总是不尽如人意，痛苦、烦恼总是不期而至。面对痛苦、烦恼，我们也许无法逃避，但我们可以选择珍惜与善待自己。

生命的价值首先取决于你的态度。珍惜独一无二的自己，珍惜这短暂的几十年光阴，然后不断地充实自己，最后社会才会认同你的价值。生命在于内在的丰盈，而不在于外在的拥有。只有珍惜幸福快乐的感觉的人，才能远离痛苦与烦恼，才能拥有快乐的人生。

有人说，生活是一种享受；有人说，生活是一种无奈。其实，生活有享受也有无奈，有欣慰也有困惑。生活就像一枚青果，你含在嘴里慢慢品，细细嚼，便有诸多滋味在你的舌尖蔓延，有甜，有酸，有苦，也有涩。

与浩渺的世界相比，我们的生命是如此短暂。不论是平淡无奇，还是轰轰烈烈，不论是一帆风顺，还是波折坎坷，生活都没有抛弃我们。它赋予我们很多很多——它给予我们成熟的思想，给予我们人间最可贵的亲情、友情，它教会我们喜悦与悲伤，所以我们更应该珍爱生活，悉心感受生活。能爱的时候好好爱，不能爱的时候好好过。不用别人的标准衡量自己，也不用自己的标准去衡量别人，没人能左右你的幸福，也没人能夺走你的快乐。认清自己，才是衡量幸福和快乐的标准。所以，追逐幸福的女人们，一定要珍惜自己，善待生命。

后记
afterword

从容地生活，优雅地老去

我曾被很多女人追问过这样一个问题："什么才是真正的优雅？"

上大学的时候，初读林语堂，我对他书中的一句话印象尤为深刻，他说："优雅地老去，也不失为一种美感。"

很多人总是来去匆匆，疲于奔波，忙于追逐。如果可以选择一种方式老去，如果真的留不住时间的脚步必须老去，那么，就让我优雅地变老。

在我的眼里，优雅是女人独有的别致、迷人的外在仪态，是女人面对人生困顿与痛苦时的内在智慧。一个优雅的女人以外在的淡定从容和内在的坚韧强大，支撑起对自己的珍爱、对伤痛的坦然、对情感的执着和对生活的敬意。

在拥挤的地铁上，她们会保持衣着整洁、礼貌得体；在餐厅用餐时，她们会静静享用，并把留在咖啡杯上的口红悄悄擦去；开口说话前，她们会对你微微一笑，对陌生人更是轻声细语；不论是功成名就还是境遇堪忧，她们都从容面对，波澜不惊。

在岁月的精雕细琢之下，你也许痛过、累过、烦过、苦过，但只要还能够感受痛中的快乐、累里的欣慰，体味烦中的悠然、苦中的甘甜，就可以散发出含蓄温润、优雅迷人的芳香。当你用珍爱自己的力量塑造出了优雅，像一件艺术品般散发出耀眼的光芒时，即使你沉默不语也会被别人珍藏。

每一个女人都值得优雅地老去，不急，不争，不怨，从容地走过生命里的每一处风景。

谨以此书献给所有认真生活、憧憬幸福的女子。